Lisa Warnecke

Das Geheimnis der Winterschläfer

Lisa Warnecke

DAS GEHEIMNIS DER WINTERSCHLÄFER

Reisen in eine
verborgene Welt

C.H.Beck

Für Matilda und das kleine Wesen in meinem Bauch

Mit 18 Abbildungen im Text

Satz im Verlag
Druck und Bindung: CPI – Ebner & Spiegel, Ulm
Umschlaggestaltung: Rothfos & Gabler, Hamburg
Umschlagabbildungen: Westlicher Bilchbeutler (oben) © James Turner; Europäischer Igel (unten) © Ingo Arndt/plainpicture
Gedruckt auf säurefreiem, alterungsbeständigem Papier (hergestellt aus chlorfrei gebleichtem Zellstoff)
Printed in Germany
ISBN 978 3 406 71328 6

www.chbeck.de

Inhaltsverzeichnis

Vorwort

Sich im Herbst gemütlich zusammenrollen und erst mit dem Frühling wieder aufwachen – davon träumen viele von uns, sobald das letzte Laub von den Bäumen gefallen ist. Weit verbreitet ist die Vorstellung, dass Tiere sich für den Winterschlaf in einem kalten Erdloch verkriechen und dort für sechs Monate schlafen. Doch der Begriff «Winterschlaf» ist denkbar irreführend. Denn erstens schlafen Tiere während dieser Zeit gar nicht und zweitens muss sie nicht zwingend im Winter liegen. Tiere können weiterhin auf äußere Impulse reagieren, lediglich etwas verzögert. Auch wird der Winterschlaf alle paar Wochen von Aufwärmphasen unterbrochen.

Wir Biologen nennen den Zustand, den Tiere im Winterschlaf eingehen, *Torpor*. Ausschließlich Säugetiere und Vögel sind zum Torpor in der Lage und können ihren Energiebedarf auf diese Weise um unglaubliche 99 Prozent reduzieren. Lebenserhaltende Funktionen wie Stoffwechsel, Körpertemperatur und Herzschlag werden stark gedrosselt, die Tiere scheinen leblos; jedoch handelt es sich um einen hochregulierten Zustand, den die Tiere jederzeit aus eigener Kraft wieder verlassen können. Schon lange fasziniert der Winterschlaf die Wissenschaft – doch noch immer geben uns viele Vorgänge Rätsel auf: Wie schaffen Tiere es nur, sechs Monate des Jahres kalt und fast bewegungslos zu verbringen, ohne Schäden davonzutragen? Welche Vorgänge laufen dabei im Körper ab und welche Tiere nutzen weltweit Winterschlaf? Geht es dabei wirklich nur um die Einsparung von Energie?

Mein Buch lädt Sie ein zu einer Forschungsreise auf vier Kontinente, um bekannte und weniger bekannte Winterschläfer unter die Lupe zu nehmen: Igel in Hamburg, Fledermäuse in Kanada, Beuteltiere in Australien und Lemuren in Madagaskar. Für jeden Lebensraum beschreibe ich biologische Freilandarbeit, die zu neuen Erkenntnissen über den Winterschlaf führte. Die Vorgänge im Tier selbst, aber auch die Einflüsse der Umwelt werden dabei beleuchtet. Die Tiere werden durch das große Schlummern begleitet: In Teil I des Buches beschreibe ich die Vorbereitungen zum Winterschlaf und die ersten Winterschlafmonate. Teil II konzentriert sich auf Vorgänge während des «Winters» bis zum Beginn der nächsten Aktivitätsperiode.

Freilandforschung geschieht heutzutage immer im Team. In die von mir erzählten Geschichten aus dem Alltag unserer kurzweiligen Feldarbeit fließen die Ergebnisse von zahlreichen wissenschaftlichen Studien über verschiedene Aspekte des Winterschlafs mit ein. In Hamburg (Kapitel 1 und 5), Kanada (Kapitel 2 und 6) und Australien (Kapitel 3 und 7) war ich selbst vor Ort und habe die beschriebenen Forschungsprojekte gemeinsam mit KollegInnen durchgeführt. In Madagaskar (Kapitel 4 und 8) dagegen war ich nicht persönlich; doch die Lemuren hüten solch spannende Geheimnisse des Winterschlafs, dass ein Abstecher in ihre Welt in diesem Buch nicht fehlen soll, und ich beschreibe dafür die Feldarbeit einer Kollegin.

Mein Interesse liegt beim Winterschlaf als Überlebensstrategie in extremen Lebensräumen: Welche Rolle spielt er für das Überdauern stressiger Zeiten inmitten einer deutschen Millionenstadt, in der Eiswüste der kanadischen Prärie, an den Küsten Australiens oder im tropischen Madagaskar? Zusätzlich beleuchte ich verschiedene Fragestellungen wie beispielsweise: Warum können Tiere im Winterschlaf nicht schlafen? Wie geht es Wildtieren in der Großstadt? Welche Bedeutung hat der Winterschlaf für das schlimmste bisher dokumentierte Säugetiersterben? Warum müssen sich Winterschläfer alle paar Wochen erwärmen? Warum leben winterschlafende Tiere länger als solche, die das nicht können? Welche Rolle spielt Torpor in der Evolution und im Zuge des Klimawandels? Wie können Tiere bei behaglichen 30 °C überhaupt winterschlafen und – wenn andere Primaten das können, was ist dann mit uns Menschen? Wie nah sind wir dem Traum wirklich, den Winter zu verschlafen?

TEIL I

—

EINSCHLUMMERN

Kapitel 1

Jenseits der Reeperbahn

Großstadtdschungel bei Nacht

«Was suchen Sie denn?» – Es ist kurz nach Mitternacht im Großstadtdschungel Hamburg. Mit heller Halogentaschenlampe schlage ich mich durch das Gebüsch eines Parks im dichtbewohnten Stadtteil Altona, als mir ein älteres Ehepaar diese häufig wiederkehrende Frage stellt. «Ich bin Wildtierbiologin und erforsche die Anpassungen von Kleinsäugern an den städtischen Lebensraum. Gemeinsam mit meinen Studentinnen suche ich hier nach Igeln, die wir dann mithilfe von kleinen Peilsendern verfolgen.» Die Standardreaktion darauf lautet: «Igel? Hier? Da können Sie lange suchen. Seit zehn Jahren gehen wir hier jede Nacht spazieren, aber einen Igel haben wir noch nie gesehen.» Erstaunlicherweise nehmen die meisten Städter die um sie herum lebenden Wildtiere kaum wahr. Im und um diesen kleinen Park von etwa vier Hektar leben mindestens zehn Igel, trotzdem werden sie von den Anwohnern fast nie gesehen. Wir haben schon Igel beobachtet, die hier im Sommer zwischen Scharen von feiernden Jugendlichen umherlaufen und dabei nicht bemerkt werden.

Mir liegt es auf der Zunge zu antworten: «Wir haben in den vergangenen zwei Stunden bereits vier Igel gesehen» – aber stattdessen erkläre ich kurz das Ziel meines Projektes: welche Rolle der Winterschlaf beim Erfolg mancher Wildtierarten in einem solch extremen Lebensraum wie der Großstadt spielt. Denn es ist bisher nicht bekannt, warum manche Tiere in unserer Nachbarschaft so erfolgreich leben, während andere Arten sich hier nicht durchsetzen können. Das Wissen darüber ist aber entscheidend, um angesichts der weltweit zunehmenden Ausweitung der Städte Voraussagen über zukünftige Artenzusammensetzungen treffen zu können. Im Prinzip geht es darum zu verstehen, wie sensibel eine Art gegenüber Umweltveränderungen ist und über welches Potenzial für Anpassungen sie verfügt. Speziell untersuche ich die Ökophysiologie des Igels. An diesem Punkt ist das Interesse der nächtlichen Parkbesucher meist befriedigt, wir wünschen einen schönen Abend und ziehen weiter. Die kleinen Schwätzchen bringen eine willkommene Abwechslung in das stundenlange Suchen, heute jedoch ist es entschieden zu kalt.

Als Arbeitsplatz ist ein Park im Mondschein zwar jedem Büro vorzuziehen, trotzdem war der Tag lang und gegen zwei Uhr früh wäre ich gerne zuhause. Um kurz nach sechs fängt der nächste Tag nämlich schon wieder an, wenn meine kleine Tochter mit ihrem Lieblingsbuch vor dem Bett steht – und wie alle Kleinkinder zeigt sie wenig Verständnis für müde Eltern am Morgen. Wir drehen also weiter unsere Runden, mindestens einen Peilsender wollen wir heute noch befestigen. Langsam läuft uns die Zeit davon, denn es ist bereits Mitte Oktober und das Projekt über den Winterschlaf urbaner Igel muss baldmöglichst beginnen.

Energiesparmodus angeschaltet

«Weiß man denn nicht schon alles über den Winterschlaf?» Auch diese Frage höre ich häufig. Neu ist die Winterschlafforschung in der Tat nicht. Schon seit über 150 Jahren fasziniert der Winterschlaf die Wissenschaft; erste detaillierte Untersuchungen zum Beispiel über das Murmeltier wurden schon im Jahr 1938 publiziert. Doch noch immer fragen wir uns: Wie schaffen die Tiere das bloß? Die Hälfte des Jahres, ja die Hälfte ihres Lebens, liegen sie kalt und leblos in einem Erdloch, ohne irgendwelche Schäden davonzutra-

Ein echter Großstädter: Wie verläuft der Winterschlaf des Europäischen Igels (Erinaceus europaeus) *mitten in Hamburg?*

gen. Wenn wir Menschen nur drei Wochen mit einem Gipsverband flachliegen, wird unsere Beinmuskulatur darunter mager und schwach. Tiere dagegen können Monate beinahe ohne jede Bewegung verbringen. Danach stehen sie einfach auf und rennen los, als wäre nichts gewesen. Auch leidet ihr Gedächtnis in der Regel nicht unter diesem monatelangen Kühlzustand, wobei es jedoch artspezifische Unterschiede zu geben scheint.

Um es gleich vorwegzunehmen: Der Begriff «Winterschlaf» ist denkbar irreführend. Denn erstens schlafen Tiere während dieser Zeit gar nicht, und zweitens muss sie nicht zwingend im Winter liegen. Biologen nennen den Zustand, den Tiere im Winterschlaf eingehen, *Torpor*. Torpor ist eine kontrollierte Absenkung von lebenserhaltenden Funktionen wie Stoffwechsel, Körpertemperatur und Herzschlag. Ausschließlich Vögel und Säugetiere können den Torporzustand eingehen. Zur allgemeinen Verwirrung wird zwar auch bei Reptilien, Amphibien oder Insekten oft von «Winterschlaf» gesprochen, physiologisch gesehen handelt es sich aber um etwas völlig anderes. *Heterothermie* wird die Fähigkeit zum Torpor auch genannt. Vögel und Säugetiere werden aufgeteilt in Arten, die zum Torpor fähig sind (= *heterotherm*), und solche, die das nicht können (= *homeotherm*). Ein Tier im Torpor ist torpid, mit gewöhnlicher Körpertemperatur wird es normotherm (oder eutherm) genannt.

Das entscheidende Merkmal von Torpor ist, dass das Tier diesen Zustand selbst kontrolliert. Ein Igel zum Beispiel tritt aus eigener Kraft in den Torporzustand und verlässt ihn auch wieder aus eigener Kraft, unabhängig von der aktuellen Umgebungstemperatur. Diese Möglichkeit hat eine Schlange nicht. Ihr wird es durch eine zu niedrige Umgebungstemperatur schlichtweg unmöglich gemacht, sich zu bewegen. Trotz langer Forschung und großer Faszination über den Winterschlaf weist unser Wissen über diesen Energiesparmodus der Tiere noch immer große Lücken auf. Beispielsweise bei den Fragen, wie genau Tiere diese physiologische Meisterleistung vollbringen, warum manche Arten in Winterschlaf gehen können und andere nicht, welche äußeren Faktoren dabei den Ausschlag geben und welche Vor- und Nachteile dadurch genau entstehen.

Bei den meisten Winterschläfern sind physiologische Daten aus dem Freiland kaum vorhanden. Erst seit etwa zwei Jahrzehnten rücken Tiere in freier Wildbahn mehr ins Blickfeld, davor beruhte unser Wissen zum Großteil auf Laborstudien. Neue technische Entwicklungen ermöglichen es uns, auch bei freilebenden Tieren physiologische Aspekte wie Körpertemperatur, Energiestoffwechsel, Herzschlag, Hormonspiegel oder Immunabwehr zu untersuchen. Wenn es um das Überleben geht, dann ist eine ausreichende Energiezufuhr entscheidend. Nur derjenige, der genug Futter findet, kann sich fortpflanzen und somit die Weitergabe der eigenen Gene sichern. Oder der, der seinen Energiebedarf so drosseln kann, dass er zeitweise ohne Futter auskommt. Dieser eigentlich trivial klingende Kerngedanke begründet die Bedeutung des Winterschlafs. Tatsächlich spielen die Strategien, die Tiere entwickelt haben, um zeitweise ihren Energiebedarf zu reduzieren, beim Überleben eine ganz zentrale Rolle. Und unter allen Möglichkeiten, über die Säugetiere und Vögel verfügen, um zeitweise mit weniger Futter und Wasser auszukommen, ist Torpor der unangefochtene Sieger. Klar, man könnte im Winter auch einfach weniger herumrennen und dadurch weniger Kalorien verbrennen. Doch die so gewonnenen Einsparungen sind ein Klacks im Vergleich dazu, was Torpor bringt.

Ausschließlich die kontrollierte Absenkung von lebenserhaltenden Funktionen im Torpor beschert Tieren die Energieeinsparung von über 99 Prozent. Unglaublich? Stellen wir uns einen Igel in einem Raum von 5 °C Umgebungstemperatur vor. Hat er seine normale Körpertemperatur von 35 °C, so verbraucht er 18 Milliliter Sauerstoff pro Minute. Befindet er sich dagegen im Torporzustand, so senkt sich der Verbrauch auf 0,08 Milliliter Sauerstoff. Also beträgt sein Energieverbrauch im Torporzustand lediglich 0,5 Prozent des Normalzustands. Warum die Maßeinheit der Energie hier der Sauerstoffverbrauch ist und wie die entsprechenden Messungen genau ablaufen, darauf kommen wir später zurück. Zuerst gehen wir weiter auf Igel-Jagd.

Stachelige Angelegenheiten

Die zwei Studentinnen, die mich in dieser Nacht bei der Suche unterstützen, schreiben im Rahmen meines Igelprojekts ihre Bachelorarbeiten in Ökologie. Ihre Hilfe ist Gold wert, denn die Suche geht so viel schneller voran und etwas Gesellschaft ist mir nachts im Park sehr willkommen. Wir bleiben stets in Rufweite voneinander, sicher ist sicher. «Ich habe einen» – es ist mehr ein lautes Flüstern, das hinter einem Rhododendronbusch hervordringt. Schnell ziehe ich meine Handschuhe über und stelle den Rotfilter meiner Stirnlampe an, um das Tier durch helles Licht nicht unnötig zu verunsichern. Auf Knien krieche ich zu dem Igel, der still am Fuße eines Busches sitzt. Als ich das Tier aufnehme, um es in einen Stoffbeutel zu setzen, kugelt es sich zusammen.

Kein Tier kann das besser als der Igel. Zwar «igeln» sich bei Gefahr auch Schnabeligel, Gürteltier und weitere Tiere ein, aber kein Säugetier vermag dies mit einer solchen Effizienz und Ausdauer wie der Igel. Ein spezieller Muskel, der an der Stachelgrenze verläuft, zieht sich ähnlich wie ein Turnbeutel ringförmig zusammen und schließt Gesicht, Beine und Schwanz vollkommen ein. Das komplette Einrollen erfolgt jedoch nur bei großer Gefahr. In den allermeisten Fällen, wie jetzt auch, werden nur Gesicht und Schwanz schützend eingezogen und die Füße schauen noch aus dem Stachelball. Jetzt heißt es einen Trick anwenden, um das Tier dazu zu bringen, sich zu entrollen, damit ich den Gesundheitszustand überprüfen und das Geschlecht bestimmen kann. Ich platziere die Vorder- und Hinterfüße des Igels auf je einer Hand und bewege meine Hände dann langsam und vorsichtig auseinander, um einen Blick auf den Unterbauch werfen zu können.

Wie ich mir fast schon gedacht hatte, ist es ein Weibchen. Zu dieser Jahreszeit ist die Chance, ein Weibchen zu fangen, deutlich größer. Viele Männchen haben ihren Winterschlaf schon angetreten. Die Weibchen aber sind durch Trächtigkeit und Jungenaufzucht, die sie alleine bewerkstelligen, den ganzen Sommer über so sehr beansprucht, dass sie sich Anfang Oktober einfach noch nicht genügend Fettreserven angefressen haben. Die Paarung findet zwischen Juni und August statt, die Tragezeit beträgt etwas über einen Monat und die zwei bis sechs Jungtiere werden bis zu sechs Wochen gesäugt. So vergehen knapp drei Monate, in denen die Weibchen vollauf beschäftigt sind, während die Männchen in dieser Zeit schon mit den Vorbereitungen für den Winterschlaf beginnen.

Wissenschaftlich heißt unser einheimischer Igel *Erinaceus europaeus*. Im Tierreich wird jeder Art ein aus zwei Wörtern zusammengesetzter Name zugeteilt. Der erste Name verweist auf die Gattung, die mehrere eng verwandte Arten umfasst, und der zweite Teil des Namens ist dann artspezifisch. Ein bisschen wie bei uns die Bedeutung von Vor- und Nachname, nur umgedreht, es geht also mit dem Nachnamen los, gefolgt vom Vornamen. Oft ist der zweite Teil des Namens beschreibend, er deutet auf das Aussehen oder die Verbreitung einer Art hin. Der schwedische Naturforscher Carl von Linné hat dieses System Mitte des 18. Jahrhunderts entwickelt. Seitdem wird diese *Nomenklatur* für alle Tiere und Pflanzen weltweit angewendet. Umgangssprachlich heißt die Art Europäischer Igel oder Braunbrustigel oder Westeuropäischer Igel – wie man sieht, führen Trivialnamen oft zu Verwirrungen aufgrund von regionalen Unterschieden. Die Art ist weit verbreitet, vom südlichen Spanien bis hoch nach Norwegen und bis tief nach Russland hinein. Im Osten Europas schließt sich dann *Erinaceus roumanicus* an, und in Asien ist der dritte Vertreter der Gattung zu finden, *Erinaceus concolor*.

Der große Verbreitungsraum unseres heimischen Igels macht ihn wissenschaftlich so interessant. Er kommt mit der Hitze Portugals genauso zurecht wie mit den harten skandinavischen Wintern. Seine Lebensräume reichen von landwirtschaftlichen Hecken über Golfplätze bis zu dichtbevölkerten Großstädten. Der Igel ist ein wahrer Anpassungskünstler.

Ich setze die Igelin in einen Stoffbeutel und hänge diesen vorsichtig an eine Federwaage. Über 1000 Gramm – sie hat also ein gutes Gewicht für einen ausgewachsenen Igel im Herbst. Igel sind Meister in der Gewichtszunahme: Innerhalb der ersten sechs Wochen nach der Geburt steigern sie ihr Gewicht von 20 auf 250 Gramm. Mit einem Jahr wiegen die meisten Igel etwa 500 Gramm, können dies aber vor dem bevorstehenden Winter noch verdoppeln! Ausgewachsen ist der Körper rund 25 Zentimeter lang, plus einem zwei Zentimeter langen Schwanz, der wie der Bauch nicht bestachelt ist. Die lose Haut des Stachelkleids verdeckt den Großteil der Beine, daher sind Leute oft überrascht, dass diese zehn Zentimeter lang sind. Vor allem wenn Igel auf harten Böden wie Asphalt laufen, kann man die lang ausgestreckten Beine gut beobachten.

Das Tier ist in gutem gesundheitlichem Zustand, also ist es jetzt Zeit für einen neuen Haarschnitt. Ich setze mich im Schneidersitz zwischen die Büsche und lehne mich über den Stoffbeutel. Vorsichtig öffne ich den Beutel über dem Rücken des Tiers. Ich beginne, auf einer kleinen Stelle am Rücken vorsichtig die beige und braun gebänderten Stacheln abzuschneiden, die wie unsere Haare aus Keratin bestehen. Die hohlen, gefühllosen Stacheln werden mit einem feinen Gerät direkt über der Haut abgeknipst, ohne dem Igel zu schaden. Stachel um Stachel. Durch die hohe Dichte der kreuz und quer stehenden Stacheln ist dies kein einfaches Unterfangen. Zumal jeder Stachel einen eigenen Muskel hat und nach der kleinsten Bewegung wieder totales Chaos auf dem Rücken herrscht.

Neugeborene Igel besitzen nur wenige Stacheln, die weich und weiß in die Haut eingebettet sind, um die Mutter bei der Geburt nicht zu verletzen. Dann aber wachsen die Stacheln schnell – ein ausgewachsener Igel kann mit stolzen 7500 Stacheln bedeckt sein! Da kann ich mit gutem Gewissen ein paar abschneiden für dieses Projekt – und nach einem Jahr haben sie wieder ihre volle Länge von etwa drei Zentimetern erreicht. Sobald ich eine kleine Fläche von Stacheln frei geknipst habe, kommen wir zum wichtigsten Teil des Abends: dem Anbringen des Senders, der zum Peilen der Tiere dient.

Verpeilte Sender

Wir tragen ein paar dünne Schichten medizinischen Spezialkleber auf, platzieren den Sender und lassen das Ganze noch zehn Minuten trocknen. Die Sender senden Signale, die mithilfe eines speziellen Empfängers hörbar gemacht werden, wie beim Radio. Meist werden sie zum Aufsuchen der Tiere genutzt, um die Lage der Nester oder nächtliche Streifzüge zu verfolgen. Wir benutzen jedoch eine spezielle Anfertigung von Sendern, die nicht nur das Aufspüren der Tiere ermöglicht, sondern auch die Bestimmung der Hauttemperatur aus der Distanz. Das reduziert den Stress für die Tiere und verbessert somit die Datenqualität. Die Entwicklung dieser Sender, die temperaturempfindlich sind und dazu klein genug, um am Tier selbst befestigt werden zu können, hat die Winterschlafforschung sehr vorangetrieben. Das Zeitintervall zwischen zwei aufeinanderfolgenden Signalen verrät die Temperatur. Neben Sendern werden häufig auch Datenlogger genutzt. Beide haben Vor- und Nachteile: Sender ermöglichen die Datensammlung in Echtzeit, sind aber auf einen Empfänger in Reichweite angewiesen, der die Daten speichert. Datenlogger dagegen sammeln und speichern die Daten zwar selbstständig, müssen aber zum Ablesen erst wieder vom Tier abgenommen werden, was unter Feldbedingungen oft schwierig ist.

Die Sender werden je nach Tierart mit einem Halsband befestigt oder mit einem Spezialkleber auf die Haut geklebt. Oft werden sie auch implantiert, um die innere Körpertemperatur ohne die störenden Einflüsse der Umgebungstemperatur zu messen. Für unsere Zwecke ist der äußerliche Sender die beste Lösung, denn das Anbringen geht schnell, die externe Antenne garantiert eine große Reichweite, ohne die Igel zu beeinträchtigen, und Torpormuster können akkurat gemessen werden. Ist man jedoch an kleinen Temperaturschwankungen der Kernkörpertemperatur interessiert, etwa um den genauen Energieverbrauch unter verschiedenen experimentellen Versuchsanordnungen zu errechnen, eignen sich implantierte Sender besser. Auch kann es sein, dass aufgrund des Körperbaus oder der Lebensweise des Tieres ein externer Sender unpassend ist. Zum Beispiel habe ich mit australischen Nasenbeutlern *(Isoodon obesulus)* in Perth gearbeitet, die so rund gebaut und beweglich sind, dass externe Sender keinen Halt finden. Für meine Doktorarbeit habe ich das Torporverhalten winziger australischer Beutelmäuse (*Planigale gilesi* und *Sminthopsis crassicaudata*) untersucht. Aufgrund ihrer Lebensweise in tiefen, engen Erdspalten waren auch hier externe Sender keine Option. Stattdessen benutzte ich winzige interne Geräte, die eine geringe Reichweite von oft nur 20 Meter hatten. So muss für jedes Forschungsprojekt und für jede Fragestellung die jeweils beste Methode ausgewählt werden, um die Beeinträchtigung für das Tier zu minimieren und gleichzeitig die Datenqualität zu optimieren.

Angelockt vom Smog

Die Igel folgen einem Trend unter den Wildtieren: Landflucht. Eine französische Studie belegte im Jahr 2011, dass die Populationsdichte von Igeln in den Städten mittlerweile neun Mal höher ist als auf dem Land. Auch aus England und den Niederlanden gibt es wissenschaftliche Publikationen, die das belegen. Bei uns bestätigt sich diese Tendenz im Gespräch mit Förstern, Landwirten und Naturschutzorganisationen, aber die harten Fakten fehlen bislang; deshalb sind Änderungen in der Verbreitung nicht zu kontrollieren.

Die Liebe zur Stadt trifft nicht nur auf die Igel zu. In Hamburg etwa tummeln sich knapp 50 einheimische Säugetierarten, darunter Stein- und Baummarder, Iltis, Hermelin, Haselmaus, Dachs, Reh, Fuchs und stolze 15 Fledermausarten. Im vergangenen Jahrzehnt haben sich noch Fischotter und Biber dazugesellt! Zu den genannten einheimischen Tierarten kommen noch fünf eingeschleppte Arten, Neozoen genannt, darunter Waschbär, Bisam und Marderhund. Immer mehr Wildtiere machen es sich in Großstädten gemütlich, während der ländliche Raum von Landflucht geplagt ist. Doch geht es den Tieren hier wirklich gut oder finden sie sich notgedrungen mit den schwierigen Bedingungen in Menschennähe zurecht, da es in ihren ursprünglichen Lebensräumen immer ungemütlicher wird?

Änderungen in der Landschaftsnutzung, Monokulturen, zeitliche Verschiebungen der Erntezeiten, hoher Insektizideinsatz und das Verschwinden von Hecken und grünen Korridoren machen vielen Wildtieren zu schaffen. Die Vogelzahlen gehen in Deutschland und Europa seit Jahren dramatisch zurück, vor allem in Agrarlandschaften. Auch der Feldhamster *(Cricetus cricetus)* ist ein eindrucksvolles Beispiel; innerhalb von 50 Jahren wurde er von einer Landplage zu einer stark bedrohten Art. In Nordrhein-Westfalen, Belgien und den Niederlanden sind die Populationen um 99 Prozent zurückgegangen. Damit nicht genug, bei den verbleibenden Tieren zeigt sich eine stark reduzierte genetische Vielfalt, die sich negativ auf den Arterhalt auswirkt. In Wien gibt es jedoch eine große

Stadtpopulation – vielleicht die einzige Zukunft für den charismatischen Nager?

Für Vögel belegt die Literatur am detailliertesten, wie sich Wildtiere an das Großstadtleben anpassen. Ein Paradebeispiel ist die Kohlmeise *(Parus major)*, die in Städten kürzere und schnellere Lieder singt als auf dem Land. Das Rotkehlchen *(Erithacus rubecula)* hat seine Gesangsaktivität in der Stadt zeitlich so verschoben, dass sie nicht mit dem Berufsverkehr zusammenfällt. Die städtische Amsel *(Turdus merula)* dagegen erhöhte ihre Gesangfrequenz auf 3500 Hertz, um sich vom Autolärm abzusetzen, der bei 1000–3000 Hertz liegt. Die Nachtigall *(Luscinia megarhynchosi)* trällert an lauten Standorten um 14 Dezibel lauter als in ruhigen Gebieten, was einer fünffachen Steigerung des Schalldrucks entspricht. Ein besonders faszinierendes Beispiel, wie gut Vögel sich an die Bedingungen in Großstädten anpassen, kommt aus Mexiko. Hier wurde unter anderem für den Haussperling *(Passer domesticus)* nachgewiesen, dass er weggeworfene Zigarettenstummel in seine Nester einbaut! Und zwar als Insektizid. Ursprünglich nutzten die Vögel dafür eine Pflanze mit einem starken Sekundärpflanzenstoff, die aber in der Großstadt nicht zu finden ist. So wählten sie eine neue Methode, um hergebrachte Effekte zu erzielen. (Bitte nicht als Aufforderung zum Wegwerfen von Zigaretten verstehen!) Tiere werden im städtischen Lebensraum mit veränderten Ressourcen konfrontiert, und nur die Arten, die flexibel auf diese Änderungen reagieren, können sich langfristig dort behaupten.

Im düsteren Park machen wir eine letzte Kontrolle: Der Sender sitzt fest auf dem Rücken und wir lassen den Igel laufen. In den kommenden Monaten werden wir nun täglich mithilfe von Empfänger und Antenne unsere vier Igel in diesem Park aufsuchen, um Standort und Hauttemperatur während der bevorstehenden Winterschlafsaison im Freiland zu verfolgen. Es ist kaum zu glauben, aber trotz seines häufigen Vorkommens und seiner weiten Verbreitung sind derartige Daten für unseren heimischen Igel in seinem natürlichen Verbreitungsgebiet bisher nicht publiziert. Der Großteil der Igelforschung beschäftigt sich mit Habitatnutzung, zellulären Prozessen und Parasiten oder Laborstudien über den Winterschlaf. Physiologische Studien stammen meist aus Ländern, in denen der Igel eine Plage ist wie Neuseeland und die schottischen Inseln. Leider ist das oft der Fall: Erst wenn Tiere zum Problem werden, sprich: entweder vom Aussterben bedroht sind oder es zu viele davon gibt, werden Daten gesammelt. Meist entsprechen die dann gesammelten Daten schon nicht mehr dem Originalzustand der Tier-Umwelt-Interaktion. Ihre Übertragung auf andere Systeme ist deshalb nur eingeschränkt möglich. Ich bin gespannt, was wir im kommenden Winter über die Stadtigel lernen können, und schwinge mich auf mein Fahrrad. Schon ein Luxus, denke ich mir: Feldarbeit nur 15 Minuten von meiner Wohnung entfernt und mit einem Wildtier, das weder versucht, mich zu beißen noch wegzurennen oder wegzufliegen, und dazu noch ein Winterschläfer ist – besser geht es nicht!

Versteckte Helfer

Kaum acht Stunden später bin ich wieder vor Ort. Dieses Mal allerdings mit dem Auto, denn ich habe eine umfangreiche Ausrüstung dabei. Da die Wettervorhersage einen baldigen Wintereintritt voraussagt, muss die Datenaufnahme so schnell wie möglich beginnen. Zusätzlich zu der manuellen Datenaufnahme möchte ich kleine Messstationen aufbauen, die Daten durchgehend automatisch aufnehmen. Doch vorerst lasse ich die Ausrüstung im Auto und mache mich mit einer Faltantenne und einem kleinen Empfänger in einer Umhängetasche auf die Suche nach den Igeln. Erst nachdem die Standorte bestimmt sind, kann eine gute Position für die Messstation gefunden werden.

Ich schalte den Empfänger ein und gebe die Frequenz des ersten Senders ein: 150,742 Megahertz. Diese Methode nennt sich Radio-Tracking. Sie ist weit verbreitet unter Wildtierbiologen. *Piep, piep.* Ein lautes, klares Signal zeigt an, dass die Igeldame seit gestern Nacht nicht weit gewandert ist. Tatsächlich finde ich sie in einem Gebüsch keine 50 Meter entfernt. Glück gehabt. Sie hat sich ein

Nest am Rande des Parks gebaut, unter einem dichten Busch, der sie vor neugierigen Hunden schützt. Schnell mache ich eine Messung – sie hat eine normotherme (= warme) Körpertemperatur, das war nicht anders zu erwarten. Die anderen drei Igel finde ich in Vorgärten rund um den Park.

Das bestätigt einen Trend, den wir für unsere Hamburger Igel feststellen können: Ihre Nester bauen sie am liebsten in privaten Gärten. Daher haben Gartenbesitzer eine große Verantwortung, Wildtieren wie Igeln einen Unterschlupf zu gewähren. Es bedeutet auch, dass Aufklärungsarbeit über die Gestaltung von naturnahen Gärten direkte Auswirkungen auf das Überleben von Wildtieren haben kann. Schon ein vergessener Laubhaufen in einer Ecke des Gartens kann Wunder wirken! Doch Gärten alleine reichen nicht. Der Großteil der Aktivitätszeit der Stadtigel findet weiterhin in öffentlichen Parks statt, wo sie nach Nahrung und Partnern suchen. Der Schlüssel für ein gutes Igelleben in den Städten ist eine Mischung aus naturbelassenen Gärten und öffentlichen Parks, in denen es dichtes Gebüsch als Rückzugsort für Wildtiere gibt.

Für uns Forscher ist die Nutzung privater Gärten natürlich weniger gut, denn es bedeutet, dass man an die meisten Nester nicht herankommt. Wie auch bei mir am heutigen Tag. Vom Gartenzaun aus kann ich die Richtung des Senders klar bestimmen, muss mich aber mit einer ungefähren Position des Nestes zufriedengeben. Nachdem ich die Position aller Igel bestimmt habe, mache ich mich daran, die Messstation aufzubauen, die aus Speichergerät, zwei Antennen und einer Autobatterie besteht.

Zuerst muss ein gutes Versteck her. Dafür suche ich die Gegend um die Nester herum ab. Dieser dichte Rhododendronbusch dort sollte ausreichend Tarnung bieten. Ich hole einen kleinen, wasserdichten Hartschalenkoffer aus meinem Rucksack und öffne das Gehäuse. Darin befindet sich der Datenlogger, ein Speichergerät, das automatisch die Frequenz jedes einzelnen Igels sucht. Ich verbinde das Gerät mit der Autobatterie und programmiere es so, dass alle zehn Minuten eine Messung durchgeführt wird. Der Empfänger läuft. Die Antennen, die für den Empfang des Signals unentbehrlich sind, möchte ich möglichst hoch im Baum anbringen. Die

Stämme sind noch feucht von der Nacht, das Klettern ist mühselig. Ich werde ungeduldig: In zwei Stunden muss ich unsere Tochter von der Kita abholen und hier komme ich kein Stück voran. Dabei strahlen die Vormittage im Park immer etwas sehr Gemütliches aus: Kinderwagen werden von müde aussehenden Eltern endlos im Kreis herum geschoben, auf den Wiesen verrenken sich vereinzelt Leute zu Yoga-Übungen, Rentner füttern Eichhörnchen mit Nüssen und ein paar Gestalten erholen sich in den dunklen Ecken des Parks noch vom Rausch der vorigen Nacht. In der Tat muss man aufpassen, wo man hintritt, wenn man sich durch die dichten Büsche schlägt, denn oft versteckt sich hier ein Zelt oder ein Schlafsack. Zweimal hatte ich Glück und konnte kooperative Anwohner dafür gewinnen, meine Messstation in ihrem Garten aufzubauen. Hier im Park muss ich hoffen, dass die Datenaufnahme möglichst ungestört ablaufen wird in der anstehenden Winterschlafsaison und es zu keiner Beschädigung der Geräte kommt. Auch damit keiner der Vorbeilaufenden mitbekommt, wo sie stehen, versuche ich so unauffällig wie möglich vorzugehen. So. Die Antennen sind aufgestellt, ich überprüfe noch einmal schnell die Einstellungen des Empfängers – es geht los, die Datenaufnahme kann beginnen.

Torpor and the city

Zwei Wochen später, gleicher Ort. Wie gewohnt packe ich meine Ausrüstung aus, um die Igel zu orten. Doch es herrscht Stille, als ich die erste Frequenz eingebe. Das Signal unserer Igelin ist nicht zu empfangen. Ich drehe eine Runde im Park, doch auch das ist erfolglos. Endlich kann ich am Parkeingang ein sehr schwaches Signal wahrnehmen. Es leitet mich aus dem Park zur nahe gelegenen Straße. Ich schlängle mich zwischen den Autos über die vier Fahrspuren und bleibe auf der anderen Straßenseite ungläubig vor einem kleinen, dichten Gebüsch auf dem dünnen Seitenstreifen stehen. Das Signal ist laut und deutlich. Hier, nur wenige Meter neben der lauten, vielbefahrenen Straße hat sie sich ihr Nest für den Win-

Das große Schlummern mitten im Autolärm: Winterschlafnester des Europäischen Igels liegen häufig an wenig idyllischen, lärmbelästigten Standorten – wie hier unter dem kleinen Busch (rechts) direkt an der vielbefahrenen Hamburger Elbchaussee.

ter gesucht? Und das, nachdem sie den Sommer im grünen Park und in schönen Privatgärten verbracht hatte. Schnell mache ich eine Messung, die verrät, dass sie weiterhin ihre normotherme Hauttemperatur hat. Dann baue ich eine zweite Messstation auf, um eine gute Datenaufnahme zu garantieren. Als ich damit fertig bin, mache ich eine weitere Messung und werde stutzig, denn sie unterscheidet sich deutlich von der ersten. Die Hauttemperatur beträgt jetzt fast zwei Grad weniger als noch vor einer Stunde. Also muss die Igelin sich gerade im Abkühlungsstadium am Beginn einer Torporphase befinden – die Winterschlafsaison geht los!

Der Startschuss einer Torporphase (auch Torporepisode genannt) fällt im Hypothalamus, einer winzige Gehirnregion im Mittelhirn, in der die Sehnerven sich kreuzen. Hier werden viele lebenswichtige Hormone gebildet und hier liegt auch die zentrale Kontrollstelle für die Thermoregulation. Um Torpor einzuläuten, drehen Tiere ihr körpereigenes Thermostat herunter. Auch unsere Igel setzen ihre gewünschte Körpertemperatur von den normothermen 35 °C herab und kühlen dann langsam ab, bis sie die Umgebungstemperatur erreicht haben. Sobald keine innere Wärmeproduktion mehr zur Aufrechterhaltung einer normothermen Körpertemperatur benötigt wird, fällt der Stoffwechsel rapide ab. Damit kühlen die Tiere langsam aus und alle Lebensvorgänge wie Herzschlag oder Atemfrequenz werden gedrosselt. Zusätzlich zu diesem Temperatureffekt können Winterschläfer ihren Stoffwechsel weiter reduzieren durch einen Vorgang, der metabolische Inhibition *(metabolic inhibiton)* heißt.

Die Körpertemperatur im Torporzustand fällt nie unterhalb eines unteren Schwellenwerts, der vom Tier noch toleriert werden kann. Dieser Wert ist artspezifisch (= für jede Tierart anders) und liegt bei den meisten Winterschläfern bei etwa 5 °C. Zwei Kleinsäuger sind bis jetzt bekannt, die sogar auf unter null Grad kühlen: das Arktische Ziesel *(Urocitellus parryii)* sowie die einheimische Haselmaus *(Muscardinus avellanarius)*. Beim Igel liegt die tolerierte Minimaltemperatur bei 4 °C. Vom Prinzip her gleicht das dem Heizungsthermostat zu Hause: Wird ein eingestellter Schwellenwert unterschritten, springen die Heizkörper an; wird der Wert überschritten, gehen die Heizkörper aus, Energie wird gespart und der Raum kühlt aus. Anstelle einer Abkühlung kann es auch zu einer Erhöhung der Solltemperatur kommen. Dieser Zustand ist als Fieber bekannt, bei dem der eingeschlichene Krankheitserreger durch Hitze vertrieben wird. Nach diesem Prinzip kann ein Tier seine gewünschte Körpertemperatur herauf- oder herabsetzen, je nachdem, welcher Zustand angestrebt wird. Entscheidend ist, dass es sich hierbei um fein regulierte und kontrollierbare Vorgänge handelt.

Ich kontrolliere schnell die Körpertemperatur der anderen Igel im Park – sie sind alle im Torpor! Glücklicherweise liegen ihre Nester innerhalb der Reichweite der ersten Messstation. Schnell den Laptop angeschlossen, und bald schon flimmern Zahlenreihen über den Bildschirm. Die Textdatei öffne ich anschließend in einem Datenverarbeitungsprogramm, um eine erste Grafik zu erstellen. Das sieht gut aus. Sehr gut sogar. Schnell kopiere ich die Datei und schwinge mich auf mein Rad, um an der Uni mit der Auswertung zu beginnen.

Oft werde ich gefragt: Warum eigentlich diese ganze Mühe? Wen interessiert es denn, wie der Winterschlaf bei den Igeln oder bei sonst irgendeinem Tier exakt abläuft? Die Antwort darauf ist nicht ganz einfach. Am Anfang jedes Projekts steht der Wissensdurst, wir sprechen von *curiosity-driven research*. Es steht also kein unmittelbarer, greifbarer Nutzen im Vordergrund, etwa eine technische Entwicklung, sondern schlichtweg der Drang, eine wissenschaftliche Frage zu beantworten. Welche Rolle spielt Torpor im Überleben von Kleinsäugern in schwierigen Lebensräumen? Welche Anpassungen zeigen Wildtiere an das Leben in der Großstadt? Welches Potenzial hat eine Art, sich an wechselnde Umweltbedingungen anzupassen? Der Hintergrund solcher Fragen ist aber die Tatsache, dass wir nur schützen können, was wir kennen. Es bedeutet, dass nur jene Naturschutzstrategien erfolgreich sind, die auf wissenschaftlichen Daten beruhen.

Meine Forschung fällt in den Bereich der *Vergleichenden Tierphysiologie*. Hier steht, wie der Name schon sagt, der Vergleich im Mittelpunkt. Die Daten von einem Igel haben nur eine sehr beschränkte Aussagekraft. Man weiß dann, was dieses Individuum macht. Erst im Vergleich werden diese Daten wirklich interessant. Entweder vergleicht man dabei Individuen einer Art oder Individuen zweier verschiedener Arten. Beim Vergleich innerhalb einer Art kann man sich beispielsweise Unterschiede zwischen Geschlechtern oder Altersgruppen anschauen, oder man vergleicht zwei Populationen. Unter Population versteht man alle Individuen einer Art, die einen Lebensraum bewohnen, der von dem anderer Artgenossen abgegrenzt ist. Die Tiere von zwei verschiedenen Populationen haben die gleichen genetischen Baupläne und Voraussetzungen, sind jedoch verschiedenen Umweltbedingungen ausgesetzt. Wir könnten unsere Hamburger Igel mit Tieren im finnischen Oulu vergleichen, oder mit Daten für Igel aus ländlichen Gegenden. Gibt es Unterschiede zwischen den Populationen? Und wenn ja, in welchem Ausmaß sind Anpassungen vorhanden? Für eine Wüstenpopulation der Kängururatte *(Dipodomys merriami)* konnte zum Beispiel gezeigt werden, dass sie ihren Wasserverbrauch um 36 Prozent senkte im Vergleich zu einer Population im feuchteren Lebensraum. Vergleichende Ansätze wie dieser treiben einen Großteil der ökophysiologischen Wildtierforschung an. Die gewonnenen Informationen helfen dann, die komplexen Tier-Umwelt-Interaktionen zu beleuchten, Anforderungen einer Tierart an ihren Lebensraum zu analysieren und dadurch aktuelle Verbreitungsgebiete zu verstehen sowie Änderungen für die Zukunft vorauszusagen.

Winterschlaf für einen Tag

Auf dem großen Bildschirm kann ich die Daten nun in Ruhe anschauen. Ach, es gibt nichts Schöneres als zum ersten Mal neu gesammelte Felddaten zu betrachten. Zuerst muss ich die Rohdaten umwandeln, die ja nur den zeitlichen Abstand zwischen zwei Signaltönen angeben. Wir wollen daraus Temperaturwerte ablesen. Vereinfacht gilt: Je schneller die Signaltöne, desto wärmer ist der Sender. Um jeder Signalton-Geschwindigkeit eine Temperatur zuordnen zu können, haben wir jeden Sender vor Gebrauch individuell kalibriert. Dafür wurden die Sender in ein Wasserbad gelegt, dessen Temperatur eingestellt werden kann. Die Zeit zwischen zwei Signalen wurde dann bei verschiedenen Temperaturen zwischen 5 °C und 40 °C gemessen und anschließend als Kurve aufgetragen. Sobald ich die Daten anhand der Kalibrierungskurve umgewandelt habe, erstelle ich für jedes Tier eine Grafik. Neben der Hauttemperatur zeichne ich auch die Umgebungstemperatur ein.

Die Daten zeigen, dass die Igel Mitte November mit dem Winterschlaf begonnen haben. Tatsächlich sind die Auslöser für den Beginn der Winterschlafsaison schwierig zu bestimmen. Und wie so oft ist es artspezifisch. Einige Arten gehen für den Beginn des Winterschlafs streng nach Datum. Da sie meistens keinen Kalender bei sich tragen, richten sie sich nach einer Größe, die sich nicht ändert und immer das genaue Datum anzeigt: die Tageslänge. Der zeitliche Abstand zwischen Sonnenaufgang und Sonnenuntergang ändert sich täglich, ist also ein verlässlicher Tierkalender. Man spricht bei diesen Arten von einer starken jahreszeitlichen Prägung. Dies muss sich nicht nur auf den Winterschlaf beziehen, sondern kann auch andere jahreszeitliche Änderungen betreffen wie zum Beispiel die Fellfärbung.

Eine Studie aus den frühen 1970er Jahren zeigt, dass beim Dsungarischen Zwerghamster *(Phodopus sungorus)* ein Fellwechsel initiiert werden kann, indem die Tageslänge geändert wird. Hamster wurden für einige Zeit bei Wintertageslänge gehalten (= 6 Stunden Licht pro Tag), bevor man die Gruppe teilte und die Hälfte der Hamster einer Sommertageslänge aussetzte (= 16 Stunden Licht pro Tag). Diese Hamster begannen sofort, von ihrem weißen Winterfell in ihr dunkles Sommerfell zu wechseln. Das Interessante ist, dass die Umgebungstemperatur für beide Gruppen dauerhaft 20 °C betrug und sich die Nahrung nicht änderte. Die Tageslänge ist hier also der entscheidende Faktor, der die Fellfarbe bestimmt. (Genau genommen geht es um die Nachtlänge, denn eine bestimmte Dauer durchgehender Dunkelheit ist entscheidend.) Nicht nur die Fellfarbe, auch das Torporverhalten dieser Hamsterart ist von der Jahreszeit abhängig.

Die Zwerghamster nutzen Torpor, sind aber keine Winterschläfer. Das ist wichtig: Torpor ist kein Synonym für Winterschlaf! Torpor ist der Begriff für den physiologischen Zustand, den Tiere im Winterschlaf einnehmen. Aber Torpor gibt es auch noch in einer weiteren Ausprägung: dem *Tagestorpor* (auch *Tagesschlaflethargie* oder *daily torpor* genannt). Im Gegensatz zum winterschlafenden Igel nutzt der Zwerghamster Tagestorpor. Torpor tritt also in zwei Formen auf: als Winterschlaf und als Tagestorpor. Diese Unterscheidung beruht auf der Ausprägung des Torporzustands. Unter anderem zählen dabei Faktoren wie die maximale Länge einer Torporphase und der minimale Stoffwechselverbrauch, zu dem ein Tier in der Lage ist.

Noch immer sorgt diese Unterteilung für rege Diskussion unter den Torporforschern. Unterteilt man alle heterothermen Tierarten entsprechend, so ergibt sich ein klares Bild: Ein Teil der Tiere kann nicht länger als 24 Stunden am Stück im Torpor sein und muss zwischen Torporphasen fressen – hier handelt es sich um Tagestorpor. Der andere Teil zeigt eine Sukzession von Torporphasen, die individuell über drei Wochen dauern können und von periodischen Aufwärmphasen unterbrochen werden, in denen meist nicht gefressen wird – dies sind die Winterschläfer. Beide Gruppen nutzen den physiologischen Zustand Torpor. Eine Metaanalyse aus dem Jahr 2015 analysierte Torpordaten von über 200 Säugetier- und Vogelarten und zeigte eine klare Unterteilung in Tagestorpor und Winterschlaf. Im Vergleich zu einem Tier, das Tagestorpor nutzt, ist ein Winterschläfer im Durchschnitt schwerer, zeigt dreißigfach längere maximale Torporphasen, hat eine 13 °C niedrigere torpide Körpertemperatur und reduziert seinen Stoffwechsel um weit über 90 anstatt nur um 65 Prozent.

Kritiker wenden ein, diese Unterteilung sei rein artifiziell, beruhe lediglich auf Bestleistungen unter Laborbedingungen und nicht auf Mustern in freier Wildbahn. Besser sei es, schlichtweg von verschiedenen Ausprägungen der Heterothermie zu sprechen. Erschwerend kommt hinzu, dass aufgrund verbesserter technischer Möglichkeiten bei einigen Arten im Freiland Torpormuster entdeckt werden, die in eine graue Zone zwischen Winterschlaf und Tagestorpor fallen. Die zu den Rüsselspringern gehörenden Elefantenspitzmäuse *(Elephantulus)* sind dafür ein Beispiel; ihre Torporphasen dauern etwa 40 Stunden. Doch Ausnahmen wie diese bestätigen meiner Meinung nach nur die Regel. Im Gesamtbild ist die Unterteilung in Winterschlaf und Tagestorpor überzeugend.

Was hat es mit Tagestorpor auf sich und welche Tiere nutzen diese Form? Man kann sich Tagestorpor wie «Mini-Winterschlaf» vorstellen. Es laufen die gleichen physiologischen Prozesse ab wie beim Winterschlaf, nur zeigen die Tiere kürzere Torporphasen, kühlen nicht so stark ab, sparen weniger Energie und zeigen geringere metabolische Inhibition. Bei den meisten Tieren sinkt die Körpertemperatur auf nur etwa 15 °C ab und nach etwa 20 Stunden im Torpor ist meist das Ende gekommen – das Tier erwärmt sich und muss Nahrung zu sich nehmen. Tagestorpor wird auch als fakultatives Verhalten bezeichnet, es kann spontaner an die vorhandenen Umweltbedingungen angepasst werden, während Winterschlaf in der Regel einer Vorbereitung bedarf und meist als obligates Verhalten ausgeprägt ist. Tagestorpor wird von einer Vielzahl von Vertretern verschiedenster Tiergruppen genutzt – darunter viele Beuteltiere, verschiedenste Plazentatiere wie Spitzmäuse *(Crocidura)*, Weißfußmäuse *(Peromyscus)*, Stachelmäuse *(Acomys)*, Rennmäuse *(Gerbillinae)*, Vespermäuse *(Calomys)*, Zwerghamster *(Phodopus)* oder Fledermäuse und einige Vogelarten. Tagestorpor erlaubt eine sehr spontane und flexible Antwort auf kurzfristige Nahrungsengpässe. Lange Zeit wurde seine wichtige Bedeutung im Tierreich unterschätzt. Für meine Doktorarbeit habe ich mich intensiv mit dieser Form des Torpors beschäftigt, doch dazu an anderer Stelle mehr – wenden wir uns vorerst wieder den Winterschläfern zu.

Verschiedene biologische Prozesse wie Fellwechsel, Fortpflanzung oder Torpormuster werden durch vielseitige Aspekte wie Nahrungsvorkommen, Tageslänge oder Umgebungstemperatur beeinflusst. Manche Winterschläfer sind beispielsweise stark temperaturabhängig. Sie beginnen die ersten Torporphasen, sobald eine gewisse Umgebungstemperatur unterschritten wird. Meistens ist die Kausalität jedoch nicht so einfach, sondern die Tiere reagieren auf ein kompliziertes Geflecht aus inneren und äußeren Einflüssen. Auch bei den Igeln ist das nicht anders. Aufgrund meiner Grafiken kann ich vermuten, dass die Umgebungstemperatur wohl einen Einfluss hat. In der zweiten Novemberwoche wurde es merklich kühler, da könnte es also einen Zusammenhang geben. Dies deckt sich mit einer Laborstudie aus den 1980er Jahren, die zeigt, dass Igel zu jeder Jahreszeit Torpor nutzen, wenn sie bei 11 °C oder kälter gehalten werden. Also können wir hier eventuell ein weiteres Detail aus dem Feld zu unserem Wissenspool über den Igelwinterschlaf hinzufügen, natürlich erst nachdem die Daten statistisch ausgewertet und publiziert sind. Jede Studie an sich ist (meist) nicht weltbewegend, das ist erst die Ansammlung von Daten durch Wissenschaftler aus verschiedenen Forschungsbereichen, die sich wie Puzzlestücke zu einem Gesamtbild zusammenfügen. Dieser Prozess dauert Jahrzehnte. Deshalb ist es oft schwer, Antworten zu finden auf die häufige Frage beim Smalltalk: «Und, was hast du gerade wieder Neues herausgefunden?» Mal sehen, was meine Igeldaten noch verraten.

Schlummerpausen

Die Grafiken zeigen deutlich den charakteristischen Kurvenverlauf der Hauttemperatur. Kurven? Richtig. Denn Winterschläfer haben keinesfalls eine durchgehend niedrige Körpertemperatur während des Winters, sondern sie wärmen sich zwischendurch immer wieder auf. *Periodische Aufwärmphase* wird diese Phase mit normothermer Körpertemperatur genannt. In diesen Aufwärmphasen werden alle körpereigenen Prozesse hochgefahren, Körpertemperatur, Stoffwechselrate und Herzschlag laufen wieder auf normalem Niveau. Warum Tiere das machen? Darauf kennen wir noch immer keine zufriedenstellende Antwort. Auch meine Großstadtigel scheinen sich etwa alle zehn Tage aufzuwärmen und verbrauchen dafür einen Großteil ihres Winterenergiebudgets.

Die genauen Gründe und Auslöser für den Beginn und das Ende einer Torporphase sind also noch immer nicht bekannt. Es scheint aber eine Obergrenze für die Dauer einer Torporphase bei niedrigen Umgebungstemperaturen zu geben. Im Torpor ist zum Beispiel die Immunabwehr reduziert; erst bei Aufwärmphasen kann sie wieder hochgefahren werden. Beim Goldmantelziesel *(Callospermophilus lateralis)* wurde zum Beispiel festgestellt, dass nach injizierten Erregern die Immunabwehr nur in den Aufwärmphasen möglich ist. Müssen sich die Tiere also erwärmen, um Krankheitserreger erfolgreich bekämpfen zu können? Können Tiere im Torpor in bestimmte Schlafzustände nicht eintreten? Sind Aufwärmphasen für die Regeneration des Gehirns wichtig? Braucht das Herz zwischendrin mal Erholung von der Kälte? Müssen Stoffwechselgifte abgeladen werden? Bedarf es der Nachlieferung von Genprodukten? Wahrscheinlich ist es nicht nur ein einziger Grund, sondern eine Kombination aus vielen Gründen, die es für Tiere unmöglich macht, ohne Unterbrechung im Torpor zu bleiben. Die periodischen Aufwärmphasen sind überlebenswichtig.

Das Ende einer Torporphase, also das Signal für den Beginn einer periodischen Aufwärmphase, sendet wieder das körpereigene Thermostat im Hypothalamus. Die Hauptarbeit für die notwendige Wärmeproduktion wird vom sogenannten Braunen Fettgewebe geleistet. Es spielt für den Winterschlaf eine zentrale Rolle. Frühe Veröffentlichungen über den Igelwinterschlaf beziehen sich auf dieses Thema, da es bei einem relativ großen Winterschläfer wie dem Igel besonders gut untersucht werden kann. Auch wir Menschen besitzen Braunes Fettgewebe, allerdings nimmt es an Vorkommen und Bedeutung im Laufe unseres Lebens stark ab. Es schützt vor allem Neugeborene vor dem Auskühlen, denn nach der kuscheligen Gebärmutter sind die Umgebungstemperaturen erst mal ein Schock.

Das Braune Fettgewebe ist also zur Wärmeproduktion da. Hier findet sich eine besonders hohe Dichte an Mitochondrien, das sind die kleinen Kraftwerke der tierischen und pflanzlichen Zellen. Eigentlich sind Mitochondrien darauf spezialisiert, den allgemeinen Lebenskraftstoff Adenosintriphosphat, kurz ATP, zu produzieren; Wärme wird dabei sozusagen als Abfallprodukt frei. (Genau genommen wird Energie ja nie neu produziert, sondern immer nur umgewandelt!) Doch durch einen speziellen Entkopplungsprozess lässt sich dieser Vorgang in reine Wärmeproduktion umwandeln. Braunes Fettgewebe ist vollgepackt mit Mitochondrien, die entsprechend verändert und dadurch sehr effektive Wärmeproduzenten sind. Der Aufwärmprozess ist ein aktiver, genau gesteuerter Prozess. Schnell ist er auch, im Vergleich zu dem passiven Abkühlungsprozess. Unsere Hamburger Stadtigel heizen mit etwa 6 °C pro Stunde. Das ist fast identisch mit einem anderen stacheligen Winterschläfer, dem Schnabeligel *(Tachyglossus aculeatus)*.

Steinalte Igel

Faszinierenderweise hat sich das ökologische Modell «Igel» (sprich: stachelig, nachtaktiv und insektenfressend) in der Evolution mehrmals durchgesetzt: neben den Igelarten auch beim australischen Schnabeligel und beim madagassischen Igel-Tenrek. Wenn sich bei verschiedenen Tierarten unter ökologischem Druck analoge Strukturen entwickeln, die ähnliche Formen und/oder Funktionen haben, spricht man von *Konvergenter Evolution*. Igel, Schnabeligel und Tenrek sind Winterschläfer, die zwischen sechs und elf Monaten im Jahr im Torpor verbringen können. Diese drei Tiere sind auch evolutiv sehr spannend: Der Igel war schon vor 15 Millionen Jahren mit fast gleichem Bauplan wie heute unterwegs (zum Vergleich sind es beim Menschen gerade einmal 20 000 Jahre). Der Schnabeligel ist zwar ein Säugetier, legt aber Eier wie ein Reptil, auch er ist also ein Relikt aus alter Zeit. Der Tenrek repräsentiert als kleiner insektenfressender Säuger mit labiler Körpertemperatur die allerersten Säugetiere überhaupt. Nur zur Fortpflanzungszeit wird bei einigen Tenrek-Arten hochgeheizt und eine stabile Köpertemperatur verteidigt, im Rest des Jahres schwankt sie mit der Umgebungstemperatur. Genau so stellen wir es uns auch bei den kleinen «Ur-Säugern» vor, die vor etwa 200 Millionen Jahren gelebt haben.

Diese allerersten Säuger haben die Dinosaurier überlebt! Wahrscheinlich hat die Fähigkeit zum Torpor diesen frühen Vertretern der Säugetiere zum Überleben des Massenaussterbens vor 65 Millionen Jahren verholfen. Sie spezialisierten sich anschließend auf verschiedene ökologische Nischen, spalteten sich in verschiedene Arten auf und entwickelten sich mehr und mehr zu wahren endothermen Tieren, die ihre Körpertemperatur dauerhaft unabhängig von der Umwelt steuern können. Damit hatten sie den Reptilien und Amphibien gegenüber einen wesentlichen Vorteil: Sie konnten auch dort leben, wo es kalt war. Auf diese Weise begann die Erfolgsgeschichte der Säugetiere, die dann den ganzen Planet Erde bevölkerten.

Der Bauplan Stacheln-Nachtaktiv-Insektenfresser ist also ein Erfolgsrezept, und wahrscheinlich liegt darin auch der anhaltende ökologische Erfolg des Igels in einem der wenigen Lebensräume, die weltweit nicht bedroht sind: der Großstadt. Meine bestachelten Kandidaten haben jedenfalls alle ein mehr oder weniger kuscheliges Nest gefunden für ihren Winterschlaf im Großstadtdschungel.

Kapitel 2

—

Die Fledertiere der Prärie

Fliegende Säuger

Die aufgehende Sonne taucht die kanadische Prärie in ein warmes Licht. So weit das Auge reicht nur flaches Land, über dem sich ein scheinbar endloser Horizont wölbt. Sehr früh sind wir an diesem Septembertag in Winnipeg aufgebrochen, um im Geländewagen gen Norden zu reisen. Zu dritt werden wir in der kommenden Woche in Manitoba unterwegs sein, auf der Suche nach den einzigen fliegenden Säugetieren. Fledermäuse sind Vertreter der Ordnung Fledertiere *(Chiroptera)* und sie sind in vieler Hinsicht außergewöhnliche Tiere: Als einzige Säuger haben sie sich den Luftraum als Lebensraum erobert! Mit weltweit über 1000 verschiedenen Arten sind sie sehr erfolgreich. Das ist beachtlich, wenn man bedenkt, dass es überhaupt nur knapp über 5000 Säugetierarten gibt – etwa jeder fünfte Säuger ist eine Fledermaus! Im Herzen Kanadas kommen acht Arten vor, von denen die Hälfte im Winter gen Süden zieht, während die anderen hier überwintern. Wir sind auf der Suche nach der «Kleinen Braunen Fledermaus» *(Myotis lucifugus)*, die mit federleichten acht Gramm und braunem Fell ihrem Namen alle Ehre macht.

Auf unserer Fahrt gen Norden wird die Gegend einsamer. Die kleinen Ortschaften sind immer spärlicher verteilt. Wir fahren durch einige Reservate, in denen indigene Gemeinschaften der *First Nations* wohnen (die *Indigenous People* Kanadas gehören entweder zu den *First Nations*, den *Métis* oder den *Inuit* – das Wort *Indianer* mitsamt der beliebten Faschingsverkleidung ist für sie beleidigend), und kommen schließlich an einem unscheinbaren Parkplatz vorbei. Im Frühjahr versammeln sich hier Tausende von Touristen, um ein großes Naturschauspiel zu erleben. Die höchste Reptiliendichte weltweit gibt es hier im April und Mai zu bestaunen – und das mitten in der kanadischen Prärie! Über 50 000 Strumpfbandnattern *(Thamnophis sirtalis)* bilden dann regelrechte Teppiche aus Schlangen. Und das Beste daran: Man kann sie einfach hoch nehmen, ohne um sein Leben bangen zu müssen. Jetzt ist es jedoch ruhig in Narcisse, denn die Schlangen haben sich zum Überwintern schon unter Steine zurückgezogen.

Harfenfallen

Mit der Sonne im Rücken fahren wir weiter. Die Straßen werden einsamer, die entgegenkommenden Autos kann man an einer Hand abzählen. Nach ein paar Stunden kommen wir an der Feldstation an. Schnell verstauen wir Gepäck und Proviant und machen uns gleich auf den Weg zu unserem Forschungsgebiet. In einem nahe gelegenen Waldstück sind die Fledermaushöhlen versteckt. Entdeckt werden diese meist sehr kleinen Höhlen oft nur durch Zufall. Etwa von Waldarbeitern, die bei der Arbeit plötzlich im wahrsten Sinn den Boden unter den Füßen verlieren. Bei ganz vielen Fledermauspopulationen haben wir schlichtweg keine Ahnung, wo sie den Winter verbringen. Im Sommer bevölkern sie die Gegend noch in großer Zahl; danach verschwinden sie einfach. Selbst Kollegen, die seit Jahrzehnten in Kanada Fledermäuse erforschen, suchen ihre Schützlinge im Winter vergebens. Oft sind die Höhlen so klein, dass sonstige Merkmale wie spezielle Baumgruppierungen um «höhlenfreundliche» Gesteinsformationen herum, die Höhlenforscher auf Satellitenbildern ausfindig machen, nicht gegeben sind. Um die Tiere zu schützen, werden die genauen Koordinaten der Höhlen nicht veröffentlicht. Wir verbringen den Nachmittag damit, in der

Gegend um die uns bekannten Höhlen Fledermausfallen aufzustellen.

Durch ihre Flugfähigkeit sind Fledermäuse äußerst mobil und haben sich fast alle Winkel der Erde erobert. In der Tat sind sie in den unterchiedlichsten Lebensräumen auf allen Kontinenten außer der Antarktis zu finden. In Neuseeland gab es vor der Ankunft der Europäer überhaupt nur zwei Säugetierarten und beides waren Fledermäuse! Die Verbreitung von Fledermäusen ist im Grunde nur durch das Fehlen von Bäumen begrenzt. Dementsprechend sind Fledermäuse überall in Kanada zu finden, abgesehen von der nördlichen Tundra. Insgesamt sind hier 20 Arten vertreten, die alle zu einer der weltweit 18 Fledermausfamilien gehören, die Vespertilionidae. Um die geschickten Flieger einzufangen, werden entweder große Fangnetze oder sogenannte Harfenfallen genutzt.

Wir haben drei dieser Fallen im Gepäck, die in der Tat an das große Saiteninstrument erinnern. Feine Schnüre sind in einem etwa drei Meter hohen Metallrahmen eng nebeneinander gespannt. Am unteren Ende befindet sich eine große offene Stofftasche mit überhängenden Seiten. Die Schnüre, die an Angelgarn erinnern, sind so dünn, dass Fledermäuse sie nicht als Hindernis wahrnehmen können. Ohne sich zu verletzen, fliegen sie dagegen und landen in der Stofftasche, kriechen dann zu den Seiten und hängen sich unter die schützenden Überhänge. Von dort kann man sie regelrecht abpflücken.

Zum Aufstellen der Fallen suchen wir uns Baumschneisen aus, von denen wir annehmen, dass Fledermäuse hier auf dem nächtlichen Weg von ihren Höhlen zu einem nahe gelegenen Flusslauf entlangfliegen. Der Mond ist aufgegangen, um die berühmten Worte meines Vorfahren Matthias Claudius zu gebrauchen, und es wird kühler. Wir laufen noch einmal zum Auto, um eine kleine Stärkung zu uns zu nehmen. Dann harren wir in der Nähe der Fallen aus und warten. Nie hätte ich gedacht, dass ein derart großer Teil der Wildtierbiologie mit Warterei verbunden ist. Als ich als Jugendliche im Fernsehen Tierdokumentationen geschaut habe, sah das Ganze immer mit Action bepackt aus! Unsere Gespräche verstummen, um die Tiere nicht zu stören, und es wird sehr still in dem lichten Nadelwald. Alle Viertelstunde kontrolliert einer von uns die Fallen. Hoffentlich können wir heute einige Fledermäuse fangen in Vorbereitung für das anstehende Winterschlafprojekt.

Wie bereits erwähnt ist die Winterschlafforschung in der Vergleichenden Tierphysiologie verwurzelt. In diesen Bereich der Biologie fallen innere Abläufe des Körpers, wie zum Beispiel Atmung, Blut, Energiestoffwechsel, Hormone, Kreislauf, Thermoregulation oder Wasserhaushalt. Alle diese Aspekte werden von der Umwelt beeinflusst, folglich ist die Ökologie das zweite Standbein meiner Forschung. Der Begriff Ökophysiologie beschreibt dieses Zusammenspiel. Die reibungslose Funktion der physiologischen Vorgänge ist entscheidend, um das Überleben und die Fortpflanzung eines Individuums zu garantieren und damit der Arterhaltung zu dienen. Die Ökophysiologie ist demnach eine zentrale Schaltstelle zwischen Umwelteinflüssen und dem ökologischen Erfolg einer Art.

Um zu erforschen, wie ein Tier funktioniert und wie es mit seiner Umwelt interagiert, ist die Forschung am gesamten Organismus unumgänglich (= organismische Biologie). Die Fortschritte in Bereichen der Genetik und der Molekularbiologie in den vergangenen Jahrzehnten sind extrem faszinierend und bereichern unser biologisches Verständnis enorm. Leider gibt es auch eine Kehrseite der Medaille: Die organismische Biologie mit den klassischen zoologischen Forschungsrichtungen wie Ökologie, Vergleichende Tierphysiologie oder Verhaltensbiologie wird leider oft als überholt angesehen und folglich in der Universitätspolitik und bei der Vergabe von Forschungsgeldern vernachlässigt. Entsprechende Lehrstühle werden nach der Pensionierung meist mit Vertretern anderer Forschungsrichtungen besetzt, was zum langsamen Verschwinden der klassischen Zoologie aus der Hochschullandschaft führt. Damit sind wir Wildtierbiologen als Art, wie so viele unserer Forschungstiere, akut vom Aussterben bedroht.

Die Winterschlafforschung selbst fächert sich in viele verschiedene Bereiche auf. Die Laborforscher beschäftigen sich mit Fragen wie: Wie wird Torpor im Gehirn gesteuert? Welche Hormone spielen dabei eine Rolle? Was passiert mit dem Immunsystem und dem Muskelapparat im Torporzustand? Manche träumen davon, den Zustand des Winterschlafs für Menschen zugänglich und anwendbar zu machen, für medizinische Zwecke etwa oder für die Raumfahrt. Astronauten könnten im Torpor weite Wege zurücklegen und wären dabei weniger von der Strahlung beeinflusst. Torpide Menschen auf dem Weg zum Mars? Auch wenn es einen Astronauten im Winterschlaf so schnell nicht geben wird, so zeigen die großen Weltraumorganisationen seit vielen Jahrzehnten ungebremstes Interesse an der Torporforschung. Dazu kommen die potenziellen medizinischen Anwendungen. Die Kunst der Tiere, lange Zeit bewegungslos und kalt zu überdauern, ohne Schäden davonzutragen, weckt Hoffnungen auf eine verbesserte Versorgung bei Unterkühlung oder Mangeldurchblutung sowie auf Anwendungen im Bereich der Organtransplantation und bei lange dauernden Operationen. In der Freilandforschung dagegen stehen nicht angewandte Aspekte im Vordergrund. Uns «Gummistiefelbiologen» interessieren die Prozesse, die im Tier in freier Wildbahn ablaufen, sowie die Faktoren, die darauf Einfluss nehmen. Allerdings bin ich davon überzeugt, dass auch diese Forschung letztendlich dem Menschen zugutekommt – denn ohne Natur können wir nicht leben und wir können nur schützen, was wir verstehen.

Kurz vor Mitternacht ist es endlich so weit. Die ersten Fledermäuse gehen in die Falle. So klein und zerbrechlich fühlen sich ihre zarten Körper an. Unglaublich leicht, perfekt für den Flug gebaut. Fledermäuse sind, wie gesagt, das einzige fliegende Säugetier. Zwar können einige andere gleiten, wie zum Beispiel das Riesengleithörnchen (*Petaurista petaurista,* Taguan) in Indien mit Bestleistungen von über 100 Metern, aber richtig fliegen ist das nicht. Für Fledermäuse sind dagegen sowohl lange Distanzen als auch hohe Geschwindigkeiten kein Problem. Die Kleine Braune Fledermaus, auf die wir hier warten, bringt beispielsweise 35 Stundenkilometer auf den Tacho – ganz beachtlich für solch einen kleinen Körper. Allerdings ist sie damit weit vom Rekord entfernt, der im November 2016 erstmals gemessen wurde: 160 Stundenkilometer im Horizontalflug, erreicht von der Mexikanischen Bulldog-Fledermaus *(Tadarida brasiliensis)*. Die war bisher vor allem dafür berühmt, dass sie in riesigen Kolonien lebt. Die bekannteste Höhle befindet sich in

Texas, USA – dort leben 20 Millionen Individuen. Unvorstellbar, diese Anzahl an Säugetieren auf engstem Raum! Wenn sie abends zur Futtersuche aufbrechen, dauert es Stunden, bis alle Tiere das Quartier verlassen haben. Neben ihrer Geselligkeit hat diese etwa zwölf Gramm schwere Fledermausart nun auch mit ihrer Geschwindigkeit für Schlagzeilen gesorgt. Sie hat damit den Mauersegler *(Apus apus)* vom Podest des schnellsten horizontalen Tierfliegers gestoßen! (Der Sturzflug des Wanderfalken, *Falco peregrinus*, mit über 300 Stundenkilometern zählt in diesem Vergleich nicht, da er sich ja die Schwerkraft zunutze macht.) Es ist demnach ungerecht und obendrein noch falsch, dass Fledermäuse nicht für ihre Flugkünste Berühmtheit erlangt haben, sondern für das «Blutsaugen»; denn von den weit über 1000 Fledermausarten ernähren sich gerade einmal drei tatsächlich von Blut. Sonst stehen je nach Art Insekten, Früchte, Pollen, Nektar, Spinnen, Echsen, kleine Vögel, Frösche, Skorpione oder Blätter auf dem Speisezettel.

Vampire und Bat-Nerds

Vampirfledermäuse sind etwa acht Zentimeter groß, ernähren sich tatsächlich ausschließlich von Blut und leben in den Regenwäldern Südamerikas. Ihrem schlechten Ruf zum Trotz sind sie besonders sozial! Zum Beispiel teilen sie ihr Essen mit anderen Tieren, die bei der Jagd erfolglos waren. Bei einem Säugetier oder Vogel (meist Schwein oder Rind) machen sie mit ihren scharfen Schneidezähnen einen kleinen Ritz in die Haut, den das «Beutetier» gar nicht spürt. Tatsächlich sind ihre Zähne inzwischen nicht mehr zum Kauen geeignet, so gut haben sie sich an ihre flüssige Nahrung angepasst. Das austretende Blut wird nicht etwa ausgesaugt, sondern abgeleckt, und zwar etwa einen Esslöffel voll. Eine Mahlzeit hält höchstens für zwei Tage, dann droht der Hungertod.

Hier kommt das Soziale ins Spiel. Ein Teil der Blutmahlzeit wird wieder hochgewürgt, um damit ein anderes Tier zu füttern. Dieses Verhalten erfolgt nicht nur unter verwandten Tieren, sondern auch unter Nachbarn. Entscheidend ist, dass der Teilende dafür keine Belohnung erhält oder sonstigen Profit daraus schlägt. Geteilt wird öfter mit Tieren, mit denen man sich auch mal das Fell krault. Dieses Verhalten wird *reziproker Altruismus* genannt: Man tut etwas, wodurch man selbst kurzfristig benachteiligt wird, um das Überleben eines anderen Individuums zu sichern. Dies geschieht in der Annahme, dass einem in Zukunft in gleicher Weise geholfen wird. Es ist eine sehr soziale Verhaltensweise, die schon fast an Freundschaften erinnert und für die ansonsten Menschen und andere Primaten bekannt sind. Ähnlich wie Primaten verbringen Vampirfledermäuse einen Großteil ihrer freien Zeit mit der Fellpflege anderer Tiere, sogenanntes *Grooming,* denn das erhält die Freundschaft. Diese kooperativen Langzeit-Bündnisse belegen eine überraschend komplexe Sozialstruktur der Vampirfledermäuse. Dazu sind sie noch schlau und haben ein hervorragendes Gedächtnis. Ihr negatives Image haben sie ausschließlich durch die Spezialisierung auf eine bestimmte ökologische Nische erlangt.

Trotzdem gilt es immer noch als abstoßend, wenn eine kleine Fledermaus bei einem Schwein etwas Blut trinkt. Die Hauskatze *(Felis catus)* hingegen darf im Garten ruhig das Rotkehlchen zerrupfen, ohne dass das ihrem «Knuddel-Image» Einbuße tut. Eine Studie aus dem Jahr 2003 schätzt, dass alle britischen Hauskatzen zusammen über einen Zeitraum von nur fünf Monaten insgesamt 57 Millionen Säugetiere, 27 Millionen Vögel und fünf Millionen Amphibien und Reptilien töten. Und das, obwohl fast alle einen vollen Futternapf zu Hause stehen haben! Zum Glück bessert sich das Image der Fledermäuse jedoch allmählich. Immer mehr Menschen wissen ihre wichtige Funktion im Ökosystem zu schätzen. Die Fledermausforscher, liebevoll auch *Bat-Nerds* genannt, kämpfen hart für eine Sensibilisierung der Bevölkerung. Sie selbst sind auf jeden Fall ein sehr geselliges und besonderes Völkchen. Bei keiner anderen wissenschaftlichen Tagung habe ich je einen Verkaufsstand gesehen, der ausschließlich «Fanartikel» im Angebot hat: vom Ohrring über Backförmchen bis zu Bettwäsche mit Fledermausdesign! Und an diesem Stand ist meistens mehr los als an den anderen, die wissenschaftliche Geräte wie Fledermausdetektoren oder Fangnetze verkaufen.

Unsere Fallen füllen sich endlich und ich bekomme von der Studentin einen kleinen beflügelten Gesellen in die Hand gedrückt. Vorsichtig streiche ich über das samtweiche Fell und die zarten Flügel. Diese sind zwar dünn (Hundertstel von Zentimetern), fühlen sich aber ledrig und erstaunlich widerstandsfähig an. Zuerst bestimmen wir das Geschlecht, dann geht es auf die Waage: zarte acht Gramm, das entspricht etwa vier Teebeuteln im trockenen Zustand! Anschließend verpassen wir ihr einen Armschmuck. Ein kleiner Metallring mit einer eingravierten Nummer wird vorsichtig am Oberarmknochen befestigt. Wir beringen alle Fledermäuse in diesem Gebiet, um beim Wiederfang gleich erkennen zu können, wo und wann jedes einzelne Tier zum ersten Mal gefangen wurde. Bei Fledermäusen verwenden wir dafür offene Klammern, die sich an den beiden Enden leicht nach außen wölben, um Verletzungen auszuschließen. Diese aus der Vogelforschung kopierte, sehr alte Methode der Beringung hilft dabei, Verbreitungskarten zu erstellen, Bewegungsradien zu bestimmen und Populationsschätzungen durchzuführen.

In der kanadischen Prärie sind inzwischen Tausende einzelne Fledermäuse markiert, was einen großen Schatz an Daten bietet. So konnte zum Beispiel in einer Studie aus dem Jahr 2014 gezeigt werden, dass die saisonalen Züge zwischen Sommerhabitat und Winterquartier eine unglaubliche Spanne aufweisen, zwischen zehn und 650 Kilometern. Insgesamt zeigten 20 Prozent der Fledermauspopulationen Bewegungen von über 500 Kilometer innerhalb eines Jahres. Anhand der Armbänder lassen sich Wege einzelner Fledermäuse nachvollziehen, und das ohne den Einsatz teurer Tracking-Geräte.

Als Nächstes bekommt jedes Tier einen kleinen Mikrochip unter die Haut, wie man ihn von Haustieren kennt. Er dient ebenfalls der individuellen Identifizierung, hat aber gegenüber dem Armband den Vorteil, dass er auch von programmierten Messgeräten am Höhleneingang gelesen werden kann. Die gesamte Prozedur dauert kaum zehn Minuten, dann sind die kleinen Fledertiere schon wieder in die Dunkelheit entschwunden. Lange wollen wir sie nicht aufhalten, denn sie haben viel vor in diesen letzten lauen Nächten,

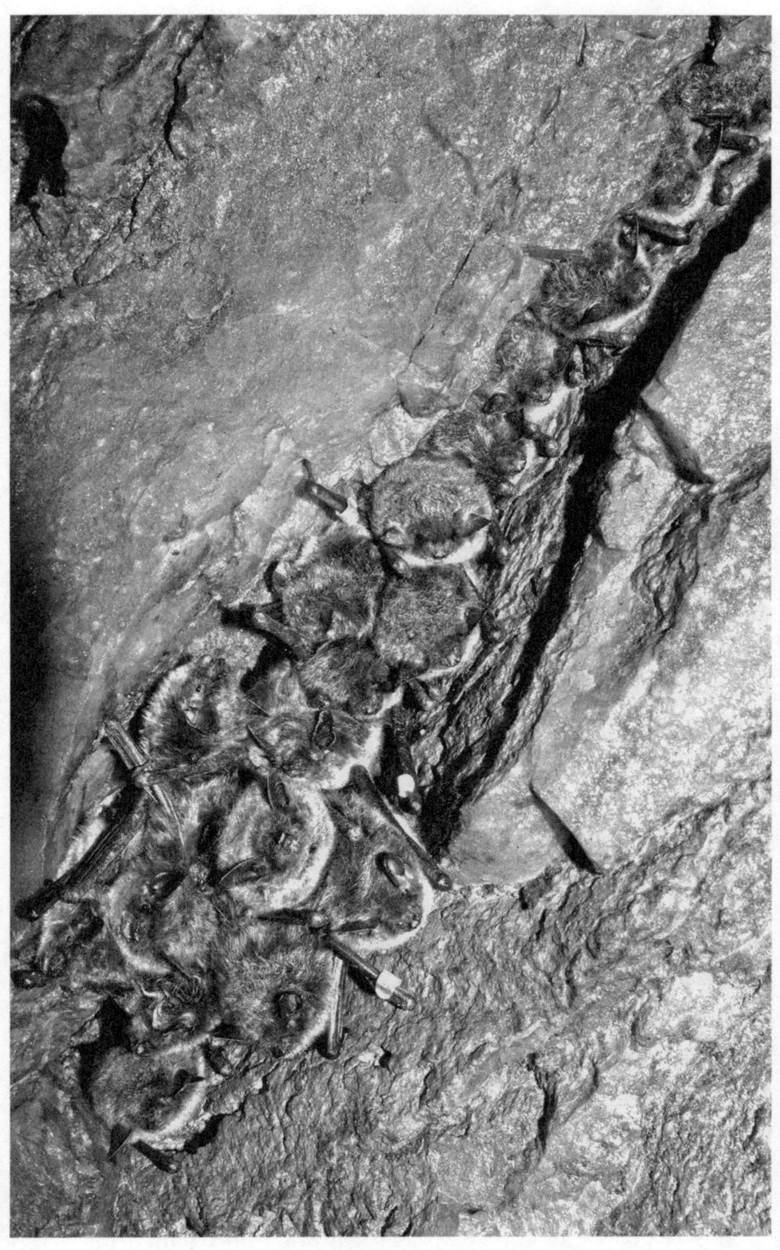

Nummeriert: Eine Gruppe von Fledermäusen mit Armringen in einer Höhle in Manitoba, Kanada.

bevor der Winter beginnt. Um genügend Fettreserven für den Winter anzulegen, müssen sie nun täglich über die Hälfte ihres eigenen Gewichts an Fluginsekten fressen! Unser Körper wäre mit der Verdauung von 30 Kilogramm Kartoffeln an einem Tag eindeutig überfordert. Wir beringen und markieren etwa 25 Tiere und packen dann unsere Sachen. Es war ein langer Tag und wir sind erleichtert, als wir in der Feldstation auf unsere Lager fallen.

Eiskalte Spermien

In den folgenden Nächten wiederholen wir die Prozedur. Tagsüber stellen wir an den Höhleneingängen Messgeräte auf, die ein- und ausfliegende Fledermäuse per Chip identifizieren. Als wir konzentriert um eines der Geräte herum sitzen und es programmieren, ruft die Studentin plötzlich: «Bear!» Zum Glück ist sie von hier und weiß genau, wie man sich verhält. Wir springen auf und ab, rufen laut «Hey, Bear!» und machen so viel Lärm wie möglich. Mein Mann holt trotz des Schreckens seine Kamera heraus und macht ein paar verwackelte Aufnahmen. Der Bär ist knapp 40 Meter von uns entfernt. Er bleibt stehen, hebt den Kopf und guckt fast schon gelangweilt zu uns herüber. Dann spaziert er genügsam weiter und verschwindet im lichten Wald.

In dieser Gegend kommen zum Glück nur Schwarzbären *(Ursus americanus)* vor. Braunbären (*Ursus arctos,* auch Grizzlybär genannt) sind weiter nördlich und vor allem im Westen Kanadas zu finden. Und Eisbären *(Ursus maritimus)* gibt es erst im nördlichen Manitoba. Am besten fährt man in das 900 Kilometer entfernte Churchill, um die weißen Riesen live zu sehen. Wenn man sich hier in dieser Gegend *bear-smart* verhält (sprich: Essen und Abfälle gut verstaut und den Tieren aus dem Weg geht), hat man nichts zu befürchten.

Wir erholen uns kurz von dem Schreck und wenden uns dann wieder unserer Arbeit zu. Das Beringen der Tiere und das Aufstellen der Messgeräte sind wichtige Vorbereitungen für die Studien über das Winterschlafverhalten der Fledermäuse. Sobald der Winter einbricht, werden Tiere im Rahmen von Studenten-Abschlussarbeiten mit Sendern ausgestattet. Im Idealfall finden wir dafür bereits markierte Individuen. Dadurch erlangen wir sehr nützliche Zusatzinformationen, zum Beispiel über das Gewicht vor dem Beginn des Winterschlafs. Eine im Jahr 2011 veröffentlichte Studie konnte zeigen, dass Weibchen und Männchen aus dieser Gegend mit unterschiedlichem Gewicht in den Winterschlaf gehen. Die Weibchen interessanterweise mit einem höheren Gewicht als die Männchen. Zudem haushalten sie auch besser mit ihren Fettreserven und verbrauchen sie langsamer über den Verlauf des Winters als Männchen oder Jungtiere. Demnach beenden sie den Winterschlaf mit einem höheren Fettgehalt. Eine Erklärung dafür liegt in einer erstaunlichen Anpassung der Tiere an ihren Lebensraum: der Paarung vor dem Winterschlaf!

Die Herbstaktivitäten, auch *Swarming* genannt, dienen neben dem Auffüllen der Fettreserven auch der Paarung. Im Spätherbst paart sich ein Weibchen mit mehreren Männchen und bewahrt die Spermien den Winter über in seinen Eileitern auf. Im Frühjahr kann die Befruchtung dann ohne die Hilfe der Männchen stattfinden. Bis zu 190 Tagen können so zwischen Paarung und Befruchtung liegen! Diese Spermienlagerung ist ein raffinierter Mechanismus, um Partnersuche und Jungenaufzucht zeitlich zu entkoppeln. Das ist aus zwei Gründen schlau: Erstens findet die Paarung so zu einem Zeitpunkt statt, an dem die Tiere gut genährt sind und die Spermienproduktion auf vollen Touren läuft; zweitens sind die Weibchen zur erfolgreichen Fortpflanzung nicht davon abhängig, dass die Männchen es durch den Winter schaffen.

Erst wenn im Frühling die Insekten wieder in großer Anzahl ausschwärmen, beginnt die Tragezeit, die etwa zwei Monate dauert. Sollte es in dieser Zeit einen unerwarteten Kälteeinbruch geben, so können die Weibchen spontan wieder torpid werden und die Tragezeit «auf Eis legen». Ein Neustart erfolgt erst dann, wenn Temperatur und Nahrungsressourcen freundlicher ausschauen. Da sich die Fledermausweibchen direkt im Anschluss an den Winterschlaf der energetisch teuren Fortpflanzung widmen, müssen sie während des

Winters sparsamer mit ihren Fettreserven umgehen, um im Frühling bei Kräften zu sein. Torpor während der Fortpflanzung ist übrigens nicht nur bei Fledermäusen zu finden, sondern bei zahlreichen, sehr unterschiedlichen Vögeln und Säugetieren wie Kolibris, Igeln, Beuteltieren, Schnabeligeln oder der Haselmaus. Unsere Fledermausweibchen haben nun bis zum Frühling Zeit, bevor sie sich um ihren Nachwuchs Gedanken machen müssen. Doch bis Mai ist es noch lange hin und wir sind froh, unseren Herbst-Trip erfolgreich abschließen zu können. Nun warten wir mit den Fledermäusen auf die ersten frostigen Nächte, die den Winter einläuten.

Länger weiß als heiß

Einige Wochen später ist es so weit. Die Temperaturen sind unter null Grad Celsius gefallen, der erste Schnee bedeckt den Boden. Wir sind wieder unterwegs gen Norden, dieses Mal auf verschneiten Straßen. Mit beiden Händen halte ich das Lenkrad fest, um auf eventuelle Eisflächen vorbereitet zu sein. Der Winter hat die Prärie jetzt im Griff. Auch in Winnipeg sind die Straßen und Gehwege von Schnee und Eis bedeckt. Gestreut wird nicht, zu normal ist dieser Zustand – und nur den Zugezogenen scheint das Laufen und Fahren auf den vereisten Flächen Schwierigkeiten zu bereiten. Hier ist von Oktober bis Mai alles weiß, acht Monate des Jahres. Mit Schnee ist es normaler als ohne. Die Einheimischen warten sehnsüchtig darauf, bis die weltweit längste natürliche Schlittschuhbahn endlich eröffnet wird: Trotz seiner Breite von fast 200 Metern friert der mächtige *Red River* komplett zu! Die Stimmung mitten auf dem breiten Fluss war einzigartig, doch das Fehlen eines stützenden Geländers macht das Schlittschuhlaufen für Anfänger wie mich leider unmöglich. Jeder Parkplatz der Stadt ist mit einer Steckdose versehen, an die man einen «Batterie-Wärmer» anschließen kann. Der Weg zur Universität dauerte nur 15 Minuten zu Fuß, doch bei –35 °C kann schon das zur Herausforderung werden. Auch die eigene Wohnung ist von den Auswirkungen des harten Winters betroffen.

Am Beginn unseres ersten Winters wurde uns empfohlen, die Fenster von innen mit einer isolierenden Plastikfolie zu verkleben. Unser Einwand, dass wir dann ja nicht mehr lüften könnten, stieß auf Unverständnis. Einige Wochen später waren unsere Fenster komplett festgefroren, zwischen den zwei Schiebefenstern wuchsen dicke Eiszapfen, und eine Eisschicht verwehrte uns über Monate die Sicht über die Dächer und Gärten unseres Stadtteils Wolseley. Da begriffen wir, dass Frischluft hier im Winter ganz unten auf der Prioritätenliste steht.

Gerade im Winter war die fehlende Sicht ein Jammer, denn so verpassten wir es, wenn vor unserem Küchenfenster die Nordlichter grün über den Horizont tanzten. Am eindrucksvollsten sind die Lichter jedoch sowieso weit weg von den Lichtern der Stadt. Nie vergessen werde ich einen Campingtrip mit Freunden im Riding Mountain National Park, wo wir eines Nachts von einer irren Lichtshow am Lagerfeuer überrascht wurden: Plötzlich erhellte sich der gesamte Himmel, als hätte jemand per Knopfdruck Scheinwerfer angeschaltet. Fast eine Stunde dauerte das umwerfende Spektakel, für das ich mich am Seeufer sitzend gerne den Mücken zum Fraß vorwarf.

Die Autofahrt ist trotz verschneiter Straßen gut verlaufen und wir erreichen planmäßig unser Forschungsgebiet. Diesmal wird es ernst, denn wir wollen Sender anbringen. Wir peilen eine Höhle an, die stets eine Fledermauspopulation beherbergt und in die man ohne zu große Umstände hineinklettern kann. Eine dünne Drahthängeleiter wird an einem Baum befestigt und der Rest der Gruppe zieht die Kletterausrüstung an – bereit zum Abstieg! Ich bleibe draußen, um unsere Ausrüstung im Auge zu behalten. Drinnen werden die torpiden Tiere von der Wand gepflückt und die Miniatursender auf den Rücken zwischen die Schulterblätter geklebt. Es muss konzentriert und schnell gearbeitet werden, um die Störung für die Tiere so gering wie möglich zu halten, denn jede Aufwärmphase kostet sie wertvolle Energie. Trotz ihrer Miniaturgröße haben die Sender eine große Reichweite; mit den Messstationen können wir ihr Signal auch außerhalb der Höhle empfangen.

Verfroren laufen wir zum Auto. Noch nie war die Erfindung der

Der Winter ist da: Lisa Warnecke mit Gesichtsmaske und gefrorenen Wimpern bei -35 °C auf dem Weg zur Universität in Winnipeg, Kanada.

Autositzheizung so sinnvoll und willkommen wie in diesem Moment. Die Fledermäuse machen es sich derweil wieder gemütlich, sie bilden zusammengekuschelt ein enges Cluster. Die Störung eben war zwar nicht erwünscht, aber sobald es in der Höhle wieder dunkel, kalt und ruhig ist, kühlen sie schnell wieder aus und stellen ihren Energiesparmodus ein. Wie auch torpide Igel können Fledermäuse ihren Energieverbrauch erheblich drosseln.

Wechselwarme Verwirrungen

Warum vollbringen ausschließlich Säugetiere und Vögel diese Meisterleistung der Energieeinsparung? Für eine Antwort muss ich etwas ausholen. Sie erinnern sich vielleicht noch an Ihren Biologieunterricht: Das Tierreich wird eingeteilt in Wirbeltiere und Wirbellose, je nachdem ob ein Tier eine Wirbelsäule besitzt oder nicht. Zu den

Ein letzter Blick zurück: James Turner, der Ehemann der Autorin und ebenfalls Winterschlafforscher, beim Abstieg in eine Fledermaushöhle in Manitoba, Kanada.

Wirbellosen gehören zum Beispiel Quallen, Würmer, Schnecken oder Insekten. Obwohl diese Gruppe aufgrund mangelnden Charismas gerne übersehen wird, macht sie stolze 97 Prozent aller Tierarten weltweit aus! Zu der im Vergleich winzigen Gruppe der Wirbeltiere zählen klassisch die Fische, Amphibien, Reptilien, Vögel und Säugetiere. Weltweit gibt es über 60 000 Wirbeltierarten. Von diesen gehören weniger als zehn Prozent zu den Säugetieren, also all jenen Tieren, die ihre Jungen mit Milch versorgen.

Wir Physiologen unternehmen nun eine weitere Einteilung, die für die Bedeutung des Winterschlafs ganz entscheidend ist. Auch hier hilft eine kleine Erinnerung an die Schulbiologie. Damals war von wechselwarmen Kaltblütern und gleichwarmen Warmblütern die Rede. Da diese Begriffe irreführend sind, sprechen wir lieber von ektothermen Tieren (= Kaltblüter) und endothermen Arten (= Warmblüter). Es geht uns nämlich um die Quelle der Wärme, die für die Körpertemperatur verantwortlich ist. Bei ektothermen Tieren ist die Körpertemperatur von der Umgebungstemperatur abhängig (*ekto* = außen). Dazu gehören alle Wirbellosen plus Fische, Amphibien und Reptilien. Endotherme Tiere hingegen produzieren innere Körperwärme (*endo* = innen) und regulieren ihre Körpertemperatur unabhängig von der Umgebungstemperatur. Hierzu gehören Vögel und Säugetiere (plus einige wenige Ausnahmen, die wir hier vernachlässigen können).

Mit fallenden Umgebungstemperaturen sinkt auch die Körpertemperatur und damit die Leistungsfähigkeit von ektothermen Tieren, bis die Kälte sie schließlich zur völligen Inaktivität zwingt. Man trifft daher im Winter nicht auf Falter, Frösche oder Mücken. Endotherme Säugetiere und Vögel haben ihnen gegenüber einen großen ökologischen Vorteil: Sie können unabhängig von der Umgebungstemperatur zu jeder Tages- und Jahreszeit aktiv sein, da sie ihr eigenes Heizkraftwerk in sich tragen. Dies bedeutet auch eine größere Flexibilität in der Lebensraumwahl. Ein Blick auf die globale Artenverteilung zeigt, dass die Artenvielfalt von ektothermen Tieren wie Amphibien und Reptilien mit zunehmender Entfernung vom Äquator abnimmt. Wimmelt es im Amazonasgebiet noch von Fröschen, Kröten, Schlangen und Echsen, so sieht es in kühleren Regionen ganz anders aus. Während es zum Beispiel in Mitteleuropa gerade einmal knapp über 30 Froscharten gibt, sind in den Amazonasgebieten allein über 1000 Arten zu finden. Ektotherme Tiere können zwar erstaunliche Überlebensstrategien wie Frosttoleranz zeigen, doch generell bevorzugen sie wärmere Gefilde.

Das Leben auf Sparflamme

Für ihren ökologischen Vorteil zahlen die endothermen Tiere jedoch einen hohen Preis. Vergleicht man den Energiebedarf eines endothermen Tieres mit dem eines gleich großen ektothermen Tieres bei gleicher Umgebungstemperatur, zahlt die endotherme Art zehnmal so viel. Durch den höheren Energiebedarf müssen endotherme Tiere mehr Nahrung zu sich nehmen. Kann eine Schlange wochenlang ohne eine Mahlzeit überleben, so hat eine Maus schon nach einem

Tag Schwierigkeiten. Dazu kommt: Je kleiner ein endothermes Tier, desto höher sein Energiebedarf. Ein Elefant verbraucht zwar insgesamt mehr Energie als eine Maus, betrachtet man jedoch den Energieverbrauch gewichtsspezifisch (also pro Gramm des Tieres), dann hat die Maus einen viel höheren Verbrauch als der Elefant. Teilweise ist dies dadurch bedingt, dass kleine Tiere eine im Verhältnis zu ihrem Körpervolumen größere Oberfläche als große Tiere haben, über die mehr Wärme verloren geht. Ohne in die Wärmephysik abzutauchen lässt sich klar sagen, dass es kleine Säugetiere am schwersten haben. Das kleinste Säugetier der Welt, die Etruskerspitzmaus *(Suncus etruscus)*, die ausgewachsen gerade einmal zwei Gramm auf die Waage bringt, muss praktisch durchgehend fressen, um ihren hohen Energieverbrauch auszugleichen.

Endotherme Tiere müssen durch erhöhte Nahrungsaufnahme ihre gesteigerten Energiebedürfnisse bei niedrigerer Umgebungstemperatur erfüllen. In den meisten Lebensräumen fallen niedrige Temperaturen jedoch mit einem geringeren Nahrungsangebot zusammen. Die beste Antwort auf Kälte und Hunger ist daher die Senkung des Energieverbrauchs, indem man auskühlt und sich die teure Thermoregulation schenkt: Torpor. Freiwillig wird das innere Kraftwerk zeitweise ausgeschaltet. Dies macht Torpor zum weitaus effektivsten Energiesparmechanismus.

Wie bei den meisten Winterschläfern liegt die Körpertemperatur unserer torpiden Fledermäuse 1 °C über der Umgebungstemperatur. Bei 4 °C liegt ihr unterer Schwellenwert, das bedeutet: die minimale tolerierte Körpertemperatur im Torpor. Solange die Umgebungstemperatur über diesem Wert liegt, schwankt die Körpertemperatur passiv mit der Umgebungstemperatur. Sobald die Umgebungstemperatur jedoch unter diesen Schwellenwert fällt, muss durch teure interne Wärmeproduktion schnell geheizt werden, um ein krankhaftes Auskühlen (= Hypothermie) zu verhindern. Deshalb ist das Mikroklima für Winterschläfer auch so entscheidend. Es ist wirklich eine Gratwanderung zwischen möglichst kalt (denn je kälter, desto höher die Energieeinsparungen), aber bloß nicht zu kalt! Höhlen und kleine, verlassene Minen sind ein beliebtes Winterschlafquartier, da sie Ruhe und ein stabiles Mikroklima bieten.

Ob diese Höhle eine gute Wahl für unsere Tiere war, das werden die kommenden Monate zeigen. Zusätzlich zu den Sendern wurden nämlich kleine Datenlogger in der Höhle versteckt, die die Höhlentemperatur aufnehmen. So wird das Mikroklima untersucht: Wie sehr schwankt die Temperatur drinnen, während es draußen auch gerne mal –35 °C werden kann? Dass diese Höhle über viele Jahre immer wieder von Fledermäusen aufgesucht wurde, ist ein gutes Zeichen für ihre Qualität als Winterschlafquartier, denn Fledermäuse sind äußerst langlebig und überlassen Dinge ungern dem Zufall!

Uralte und Kitakinder

Fledermäuse können alt werden, sogar sehr alt für ihre Größe. Unglaubliche 30 Jahre lang kann ein Acht-Gramm-Winzling leben. Dies ist nur eines von vielen Beispielen dafür, wie Fledermäuse viele der gängigen Regeln der Biologie einfach zu ignorieren scheinen. Der geltende positive Zusammenhang zwischen Körpergröße und Lebensalter wird nämlich eigentlich so beschrieben: Je größer das Tier, desto älter kann es werden. Wo mausgroße Tiere in den meisten Fällen nicht einmal ihren zweiten Geburtstag erleben, kann eine winzige Fledermaus drei Jahrzehnte überleben. Außerdem sind Fledermäuse sehr treu, zumindest was die Wahl der Winterquartiere betrifft. So sucht der Großteil der Tiere jedes Jahr die gleiche Höhle zum Winterschlaf auf. Im Sommer kehrt ein Großteil der Fledermäuse zur gleichen Baumgruppe zurück, um hier die Sommerkolonie zu bilden. Diese Ortstreue gilt auch für die Jungenaufzucht, denn Weibchen bekommen ihre Jungen dort, wo sie selber aufgezogen wurden.

Die Beziehung zwischen Körpergröße und Anzahl der Nachkommen ist ein weiteres Beispiel dafür, wie Fledermäuse sich von anderen Kleinsäugern unterscheiden. Eigentlich bekommen kleine Tiere viel Nachwuchs pro Jahr; mit steigendem Gewicht nimmt dies ab. Manche Mausarten zum Beispiel werfen sechs Mal im Jahr mit jeweils bis zu acht Jungen, sie können also jährlich fast 50 Nachkommen zeugen! Fledermausweibchen jedoch bekommen in der Regel nur ein Junges pro Jahr. Die Tragezeit dauert etwa zwei Monate und das Geburtsgewicht entspricht 25 Prozent des Gewichts der Mutter. Auch das ist viel im Vergleich zu anderen Säugetieren. Für die Geburt hängt sich das Muttertier zur Abwechslung richtig herum und fängt das Junge mit der Haut zwischen Schwanz und Hinterbeinen auf. Etwa drei Wochen wird es von ihr gesäugt. Muss sie zwischendurch auf Nahrungssuche, lässt sie ihr Kleines in einer Gruppe Jungtiere zurück, die von einigen Weibchen bewacht wird. Richtige Fledermaus-Kitas! Die Kunst dabei ist, das eigene Junge anschließend zwischen den oft Hunderten von Fledermauskindern wiederzufinden. Dafür nutzt sie vor allem die Ruferkennung, aber auch Geruchssinn und Ortsgedächtnis sind sehr wichtig. Die Mutter säugt vorrangig ihr eigenes Junges. Sollte dieses jedoch sterben, werden auch andere Jungtiere gesäugt. Die komplexen Sozialstrukturen der Fledermäuse haben Forscher dazu angetrieben, Persönlichkeitsmerkmale bei ihnen zu identifizieren.

Der Bereich der Verhaltensbiologie, der sich mit der Persönlichkeit von Tieren beschäftigt, wird nicht nur von der älteren Forschergeneration oft misstrauisch beäugt. Während Haustieren selbstredend eine «eigene Persönlichkeit» zugeschrieben wird, halten viele dies bei Wildtieren erst einmal für undenkbar. Bei der Arbeit mit ihnen fällt jedoch auf, dass es innerhalb einer Art große individuelle Verhaltensunterschiede gibt. Während die eine Maus ruhig in der Falle sitzt und auf bessere Zeiten wartet, sucht die andere unentwegt einen Ausweg. Aber natürlich geht es um mehr als das. Persönlichkeit wird definiert als eine über einen Zeitraum beständige Verhaltensweise, die in verschiedenen Situationen wiederholt gezeigt wird. Ökologisch relevante Persönlichkeitszüge sind zum Beispiel das Verhalten in risikoreichen Situationen (mutig/schüchtern), die Reaktion auf eine neue Umgebung (erkundungsfreudig/zurückhaltend) oder der Umgang mit Artgenossen (aggressiv/unterwürfig). Wenn bei einem Individuum in verschiedenen Situationen wiederholt die gleiche Reaktion hervorgerufen werden kann, wird dies in der Verhaltensforschung als Persönlichkeit bezeichnet.

Eine Studie von 1993 untersuchte dies bei jungen Kohlmeisen

(Parus major). Über die ersten 18 Lebenswochen der Meisen hinweg wurden ihre Reaktionen auf eine unbekannte Umgebung und auf ein neues Objekt in bekannter Umgebung getestet. Wurden die Tiere einzeln in einen Raum mit Kunstbäumen gesetzt, waren einige Tiere eifrige Entdecker und flogen aufgeregt umher, um alles zu erkunden, während andere Individuen schüchtern auf einer Stelle blieben. Ähnlich reagierten einige Tiere mutig auf die Anwesenheit einer Gummipuppe auf ihrer Stange, während andere verängstigt waren. Diese Verhaltensweisen wurden mit einigen Wochen Zeitabstand wiederholt in verschiedenen Situationen getestet. Ergebnis: Die Individuen blieben ihrer Strategie treu. Ähnliche Versuche werden häufig mit Fischen, Singvögeln und Nagetieren durchgeführt. Im Jahr 2013 wurde dies erstmals auch für Fledermäuse gezeigt. Kleine Braune Fledermäuse zeigten in einer speziellen Versuchskiste immer das gleiche – entweder erkundungsfreudige oder ängstliche – Verhalten. In der Natur kann es einerseits von Vorteil sein, wenn man mutig alles erkundet, denn so entdeckt man neue Nahrungsquellen oder bessere Verstecke. Andererseits können sich diese Züge auch negativ auswirken, denn die Erkundungstouren kosten Energie und bergen Gefahren. Auf dem Populationslevel profitieren Tiere deshalb von einer Mischung aus Individuen mit verschiedenen Persönlichkeitszügen.

Ob scheu oder mutig, im Moment sind alle Fledermäuse ruhig. Man könnte fast meinen, alles Leben sei erloschen in dieser kalten Finsternis. Die etwa 300 Fledertiere haben sich in eine Ecke der Höhle zurückgezogen. Während die meisten Winterschläfer in durch Nestmaterial gut isolierten kleinen Erd- oder Baumlöchern überwintern, haben unsere Fledermäuse nur diese Höhle, wo sie ohne Isolation an der nackten Wand hängen. Da sie an ihren Füßen hängen, können sie sich auch nicht zu einer Kugel zusammenrollen wie die meisten anderen Winterschläfer, um ihre Oberfläche zu reduzieren. Deshalb ist der direkte Körperkontakt zu anderen Fledermäusen wichtig. Die Tiere an der Höhlenwand bilden einen Teppich aus kuschelweichem Fell. Nun beginnen die Aufzeichnungen ihrer Winterschlafmuster dank der Miniatursender. Die Daten werden von einer Messstation vor dem Höhleneingang empfangen und gespeichert. Zusätzlich haben die Studenten Wildtierkameras in der Höhle aufgehängt. So wird erforscht, wie diese winzigen Tiere den langen, rauen Winter hier überstehen. Nahrung gibt es für die kommenden Monate nämlich keine, die angefressenen Fettreserven müssen über den Winter reichen.

Verschwenderische Aufwärmphasen

Vier Wochen später sind wir wieder vor Ort. Der Eingang zur Höhle ist nun mit einer dicken Schicht aus Eis und Schnee regelrecht zugemauert. Wir sind hier, um die Geräte zu überprüfen und die ersten Daten dieser Winterschlafsaison herunterzuladen, die in eine Master-Abschlussarbeit einfließen. Und wir haben Glück: Alles läuft wie gewünscht, der Laptop füllt sich rasch mit Daten und wir sind bald schon wieder auf dem Rückweg. Im vergangenen Monat zeigten die Fledermäuse etwa alle zwei Wochen Aufwärmphasen, die zu jeder Tageszeit vorkommen können. Das mag erstaunen, denn schließlich sind Fledermäuse eigentlich streng nachtaktiv. Während des Sommers ist das auch tatsächlich der Fall, dann jagen sie nur im Dunkeln nachtaktive Fluginsekten wie Falter. Jetzt im Winter dagegen, wenn sie ohne Nahrung auskommen und in einer stets dunklen Höhle mit nur minimalen Temperaturschwankungen leben, sieht dies anders aus.

Die in den Jahren 2013 und 2015 von einem Studenten veröffentlichten Daten zeigen, dass die Fledermäuse im tiefen Winter ihre Tagesrhythmik verlieren und Aufwärmphasen zu jeder Tageszeit eintreten. Entscheidend ist nur, dass sie mit dem Verhalten von Höhlennachbarn synchronisiert werden. Gegen Ende der Winterschlafsaison ändert sich dies und die Aufwärmphasen werden wieder verstärkt mit dem Sonnenuntergang synchronisiert. Das geschieht in Vorbereitung auf die Zeit, in der sie mit der Jagd beginnen können. Zur jetzigen Jahreszeit jedoch müssen sie sich nicht um den Sonnenuntergang scheren, denn für die nächsten Monate wird kein Weg aus der Höhle führen.

Es ist wirklich verrückt: 80 Prozent des gesamten Energiebudgets im Winter werden für die Aufwärmphasen ausgegeben, die nur ein Prozent des Zeitbudgets ausmachen! Eine einzige Aufwärmphase kostet so viel Energie, wie sonst in 60 torpiden Tagen verbraucht würde! Und dann ist der ganze Spaß nach nur etwa drei Stunden schon wieder vorbei. Dass die Phase der Normothermie so kurz ist, liegt an den hohen damit verbundenen Kosten. Der kleine Körper muss eine Temperaturspanne von über 30 °C überwinden; dieses Hochheizen verbraucht den Großteil der Energie. Doch damit ist es nicht getan, denn die erreichte normotherme Körpertemperatur von 37 °C muss ständig gegen den hohen Wärmeverlust über die große Körperoberfläche verteidigt werden. Fledermäuse sind besonders benachteiligt aufgrund ihrer großen Flügel, die 80 Prozent der Körperoberfläche ausmachen. Hier geht ein Großteil der Wärme verloren, denn die Flügel sind neben ihrer Größe auch unbehaart und gut durchblutet – alles äußerst unvorteilhaft, wenn man sich vor dem Auskühlen schützen will. Stellt der Körper hingegen auf Torpormodus um, so fällt die Stoffwechselleistung rapide ab. Hat der Körper schließlich die Temperatur der Höhle angenommen, die dem unteren Schwellenwert entspricht, so senken sich die Energiekosten entsprechend um die genannten 99 Prozent. So schlummern unsere Fledermäuse im Energiesparmodus durch den Winter, und auch ich hätte nichts dagegen, den kalten Temperaturen für einige Monate Ade zu sagen und erst im Frühling wieder aufzutauchen.

Kapitel 3

—

Wellen, Wein und Possums

Winter im Sommer

Es ist Juni und damit tiefster Winter in Südaustralien. Wir sind hier, um eine der unbekanntesten Formen des Winterschlafs zu erforschen: den sogenannten *opportunistischen Winterschlaf*. Die meisten Winterschläfer sind auf der Nordhalbkugel in Gebieten zu finden, die durch starke jahreszeitliche Schwankungen geprägt sind. Tiere sind dort zwar großen Veränderungen von Temperatur und Nahrungsressourcen ausgesetzt, diese sind jedoch jedes Jahr sehr ähnlich und voraussehbar. Die Berechenbarkeit ist ein klarer Vorteil, wenn es um die zeitliche Einteilung von wichtigen Faktoren wie Fortpflanzung oder Winterschlaf geht. Tiere in diesen Gebieten sind meist *obligate Winterschläfer*, für sie ist es unumgänglich, zu einer bestimmten Jahreszeit Torpor zu nutzen. Sie machen dies jedes Jahr, oft mit einem bestechend genauen Timing, so dass alle Tiere einer Population innerhalb weniger Wochen von der Bildfläche verschwinden.

Doch wie sieht es in Gegenden aus, in denen die Jahreszeiten weniger stark ausgebildet sind? In Australien sind die meisten Lebensräume von lediglich moderaten saisonalen Temperaturdifferenzen geprägt. Zwar unterscheiden sich Höchst- und Mindesttemperaturen im Jahresverlauf, aber diese Unterschiede sind gering und unter den Gefrierpunkt fällt das Thermometer kaum. Zudem verlieren die meisten Pflanzen ihre Blätter nicht. Mild und immergrün –

das klingt sehr angenehm für Kleinsäuger. Der Schein trügt, denn tatsächlich zeichnen sich die meisten Lebensräume Australiens durch unvorhersehbares Wetter und damit unkalkulierbare Nahrungsvorkommen aus. In einem Jahr etwa kann es sehr viel regnen; im Folgejahr hingegen fällt über Monate kein Tropfen. Kälteperioden lassen Insektenvorkommen plötzlich versiegen. Im Vergleich zur Nordhalbkugel ist das Wetter hier generell milder, jedoch weniger vorhersehbar. Gibt es in diesem Teil der Erde Winterschläfer und welche Rolle spielt Torpor als Überlebensstrategie? Das wollen wir in den kommenden Monaten erforschen.

Unser Forschungsobjekt ist ein kleines Beuteltier: der Bilchbeutler. Die Familie der Bilchbeutler (Burramyidae, auf Englisch *Pygmypossums*) ist mit fünf Arten vertreten, die auf Australien beschränkt sind. Unser Interesse gilt dem Westlichen Bilchbeutler *(Cercartetus concinnus)*, der vor allem in West- und Südaustralien zu finden ist. Wie die meisten australischen Säugetiere ist er nachtaktiv. Nektar und Insekten stehen auf seinem Speiseplan. Die Hauptquelle für Nektar sind Büsche der Gattung *Banksia*. Wie überlebt dieses kleine Beuteltier hier zu Zeiten, in denen die Temperaturen und Ressourcen variabel und unvorhersehbar sind? Noch dazu ist sein Bewegungsradius begrenzt auf einen kleinen Nationalpark, eingekesselt von großflächigen Viehweiden und dem Ozean – weite Wanderungen zur Nahrungssuche sind für ihn also keine Option. Welche Rolle spielt Torpor für das Überleben des Westlichen Bilchbeutlers? Von Laborversuchen wissen wir, dass die Art heterotherm ist, nur wurde dieser Aspekt noch nie im Freiland untersucht. Also los!

Zwei Tage dauert die Fahrt von Armidale nach Victor Harbor, das etwa 80 Kilometer südlich von Adelaide auf der malerischen Fleurieu Halbinsel liegt. Unser Auto ist bis unters Dach vollgestopft mit Feldausrüstung. «Wir» sind dieses Mal ein Zweierteam, mein Mann und ich. Endlich angekommen, verstauen wir unsere Sachen in dem kleinen, verstaubten Wohnwagen, der für die kommenden Monate unser Zuhause sein wird. Dann fahren wir geradewegs zum äußersten Zipfel der Halbinsel, um uns einen ersten Eindruck von unserem Forschungsgebiet zu verschaffen.

Die Landschaft ist eine offene Heide- und Strauchlandschaft, do-

Ein Westlicher Bilchbeutler (Cercartetus concinnus) *auf einer Banksia-Blüte. Dieses kleine Beuteltier zeigt opportunistischen Winterschlaf.*

miniert von Banksia-Büschen. Kängurus hüpfen umher. Nur ein kleiner Teil des Nationalparks ist für die Öffentlichkeit zugänglich, er umfasst einen idyllischen Campingplatz am Strand und einige Wanderwege. Der Rest des Parks ist abgezäunt, um Touristen und Haustiere fernzuhalten. Wir haben von der lokalen Nationalparkbehörde eine Begehungsgenehmigung und den Schlüssel für eines der großen Gattertore bekommen, um ungestört Tiere fangen und Messgeräte aufbauen zu können. Das ewige Auf- und Zusperren von Viehgattern gehört zur Feldarbeit in Australien genauso dazu wie die Fliegen im Gesicht. Kilometerlange Zäune halten Vieh auf den verschiedenen Grundstücken und die Straßen sind durch große Gattertore gesichert. Schilder wie *Shut the gate, mate!* appellieren an die Passanten, ungewollte Schafwanderungen zu verhindern. Wir möchten uns kurz mit dem Park vertraut machen, um am kommenden Morgen direkt mit der Arbeit an den Bilchbeutlern beginnen zu können.

Säugende Beutler

Der deutsche Name «Bilchbeutler» beruht wohl auf äußeren Ähnlichkeiten mit der Familie der Bilche *(Gliridae)*, einer Nagetiergruppe mit bekannten Vertretern wie Haselmaus oder Siebenschläfer. Der Name ist irreführend, denn Bilchbeutler sind Beuteltiere und damit verwandtschaftlich weit von den Nagetieren entfernt – allerdings gehören beide Gruppen sehr wohl zu den Säugetieren.

Was macht ein Säugetier aus? Sie grenzen sich, wie der Name schon sagt, durch das Säugen ihrer Jungtiere von anderen Tiergruppen ab. Neben der Milchproduktion ist das Fell ein weiteres Merkmal. Haare stellen eine Sonderstruktur der Säugerepidermis (= Oberhaut) dar und weichen strukturell von den Haar-ähnlichen Bildungen der Cuticula (= feste äußere Struktur) vieler Wirbelloser wie Insekten und Spinnen ab. Schließlich zeichnen sich Säugetiere noch durch drei innere Gehörknöchelchen aus und eine bestimmte Gehirnregion, die Neocortex genannt wird.

Die Klasse der Säugetiere (= Mammalia) wird in drei Gruppen aufgespaltet: Placentalia (= Eutheria), Beuteltiere (= Metatheria) und Monotremata (= Prototheria, Kloakentiere). Placentalia zeichnen sich durch das namensgebende, hochdifferenzierte Organ aus, das zur Versorgung des Embryos dient; zu ihnen gehören zum Beispiel Mensch, Elch, Katze, Faultier oder Fledermaus. Beuteltiere und Monotremata werden oft vergessen, wenn Leute über Säugetiere reden, selbst bei Erstsemester-Vorlesungen kann man Biologiestudenten außerhalb Australiens damit noch ein Staunen entlocken. (Zur allgemeinen Verwirrung besitzen Beuteltiere auch eine Plazenta, die aber weniger ausgebildet ist.)

Ein kurzer Ausflug in die Evolution zeigt den Verwandtschaftsgrad der Säuger. Fangen wir ganz am Anfang an. Vor etwa 3,5 Milliarden Jahren gab es die ersten sauerstoffproduzierenden Organismen, die Stromatolithen. Sie ermöglichten überhaupt erst tierisches Leben auf der Erde (man kann ihre etwa 4000 Jahre alten Vertreter in Westaustralien bewundern – eine lohnende Reise!). Erste mehrzellige Tiere entstanden vor etwa einer Milliarde Jahren. Für lange Zeit spielte sich alles Leben im Wasser ab. Vor etwa 400 Millionen Jahren gingen die ersten Tiere an Land, zuerst nur Arthropoden (= Gliederfüßer), später gesellten sich Amphibien als erste vierfüßige Tiergruppe dazu. Und vor rund 320 Millionen Jahren entwickelten sich Reptilien. Erste Säugetiere erschienen vor etwa 200 Millionen Jahren. Von diesen spalteten sich vor etwa 160 Millionen Jahren zuerst die Monotremata ab. Die Plazenta- und Beuteltiere trennten sich dann vor etwa 148 Millionen Jahren. Seitdem gibt es also diese drei Gruppen der Säugetiere, und Australien ist einer der wenige Orte, an dem sie alle drei nebeneinander vorkommen. Insgesamt findet man in Australien über 270 einheimische Landsäugetierarten, grob die Hälfte davon sind Beuteltiere, die andere Hälfte hingegen Plazentatiere (etwa halb Fledermäuse, halb Nagetiere), plus zwei Arten Monotremata.

Beuteltiere sind Säugetiere, deren Jungen nach kurzer Tragezeit in einem sehr frühen Stadium geboren werden. Der Nasenbeutler *(Perameles)* hat mit weniger als zwei Wochen eine der kürzesten Tragezeiten aller Säugetiere. Die nur erbsengroßen Neugeborenen müssen nach der Geburt am Fell entlang bis in den Beutel (Marsupium) klettern, wo sie mit Milch versorgt werden und wachsen.

Die australischen Beuteltiere (weitere Vertreter gibt es in Südamerika, Neuguinea und Nordamerika) teilen sich in vier Ordnungen auf: Die erste heißt Diprodontia, eine sehr vielfältige Ordnung mit berühmten Vertretern wie Känguru, Wombat und Koala (nicht «Koalabär», der Koala ist kein Bär – ebenso wenig wie der Wal ein Fisch!), plus einer ganzen Reihe von baumlebenden Possums und etwa 50 hüpfenden Arten. Neben den drei klassischen Känguru-Arten gibt es nämlich unzählige Wallabys und weitere Vertreter, die in Form und Fortbewegung an Kängurus erinnern, aber in allen möglichen Größen vorkommen. Die zweite Ordnung heißt Dasyuromorphia, die karnivoren Beuteltiere. Hierzu gehören der Beutelteufel *(Sarcophilus harrisi)*, der durch einen Gesichtstumor gerade dramatische Populationseinbrüche erlebt, und der Beutelwolf *(Thylacinus cyanocephalus)*, der seit dem Jahr 1936 als ausgestorben gilt. Weitere Vertreter sind vier weißgepunktete Beutelmarder (Quolls) und etwa 80 kleine, insektenfressende «Beutelmäuse» mit Namen wie Antechinus, Dunnart, Ningaui oder Planigale. Die dritte Ordnung Peramelemorphia beherbergt Nasenbeutler (Bandicoots und Bilbies) und die vierte Ordnung Notoryctemorphia, die Beutelmaulwürfe.

Eierlegende Säuger

Neben den Tieren mit Plazenta oder Beutel bilden die Monotremata die dritte Säugergruppe. Hierzu gehören Schnabeltier und Schnabeligel. Ich erinnere mich noch genau, als ich im Biologieunterricht das erste Mal von Monotremata gehört habe, denn ohne Frage gehören sie zu den verrücktesten Säugetieren überhaupt: Sie legen Eier! Dennoch versorgen sie ihre Jungen nach dem Schlüpfen mit Milch, die aus Milchdrüsen abgesondert wird und in sogenannte Milchfelder läuft.

Der weltweit einzige Vertreter des Schnabeltiers *(Ornithorhynchus anatinus)* ist an der australischen Ostküste zu Hause. Er lebt halb aquatisch, vergleichbar mit dem Fischotter: Die Futtersuche und Fortbewegung findet im Wasser statt, das Nest dagegen befindet sich im Trocknen in der Uferböschung. Als die ersten europäischen Naturforscher ein ausgestopftes Schnabeltier nach Großbritannien zur Archivierung schickten, dachten die heimischen Museumsangestellten, die Forscher hätten ein Fantasietier zusammengeschustert: Schnabel von der Ente, Körper vom Otter und Schwanz vom Biber – und dann sollte es noch Eier legen und doch ein Säugetier sein?

Seit jener Biologiestunde träumte ich davon, so ein Urtier einmal in freier Wildbahn zu sehen. Entsprechend aufgeregt war ich, als ich zu Beginn meiner Doktorarbeit in Armidale ankam und mein

Doktorvater mir auf der Fahrt vom Flughafen erzählte, dass wir «natürlich» ein Schnabeltier sehen würden. Er kenne eine Stelle nur einige Kilometer von seinem Haus entfernt, wo ich die ersten paar Wochen unterkommen würde, bis ich eine eigene Bleibe gefunden hatte. Ein paar Tage später sah ich tatsächlich ein Schnabeltier durch einen kleinen Bach schwimmen. Ganz unbehelligt schwamm das kleine Wundertier dort seine Runden und ich kam aus dem Staunen nicht mehr heraus. Die Geheimstelle hatte ein Kollege beim Angeln entdeckt. In den kommenden Jahren war ich öfter dort, vor allem mit ungläubigen Besuchern aus Übersee.

Um einen Schnabeligel zu sehen, musste ich dagegen noch nicht einmal den Campus verlassen, denn diese urigen Gesellen sind dort zwischen den Studenten zu beobachten (wie auch Koalas, Kängurus und Papageien – einfach umwerfend für alle Nichtaustralier!). Von den Schnabeligeln gibt es weltweit vier Arten; davon lebt eine in Australien, alle vier Arten finden sich in Neuguinea. Der in Australien heimische Schnabeligel *(Tachyglossus aculeatus)* sieht aus wie eine große Pinocchio-Version unseres Igels. Die lange Schnauze hilft ihm, an seine Hauptnahrung Ameisen und Termiten zu kommen; zudem hat er kräftige Krallen zum Graben. Zwölf Prozent des Tages verbringt er mit Buddeln und bewegt so jährlich ein Erdvolumen von über 200 Kubikmeter. Darüber hinaus beherrscht er die Disziplin des Winterschlafs ganz hervorragend, doch dazu später mehr.

Grüßende Wale

Im Park angekommen suchen wir das Fanggebiet anhand von GPS-Koordinaten, die uns Kollegen geschickt haben. Dieses Mal werden uns Taschenlampen oder Netze nicht weiterbringen – für die meisten Kleinsäuger nutzt man Bodenfallen. Dies können entweder Käfigfallen sein oder die von uns verwendeten sogenannten *Pitfall-Traps*, die hier andere Forscher bereits vor einigen Jahren in den Boden gegraben haben. Das erspart uns viel Arbeit. Um die Tiere vor hungrigen Katzen zu schützen, müssen die Fallen tief und schmal sein, Stücke von PVC-Abflussrohren eignen sich am besten. Dem GPS zufolge muss sich das Fanggebiet in unmittelbarer Nähe befinden, wir parken das Auto. Beim Aussteigen höre ich das Rauschen des Ozeans ganz nah. Schöner kann ein Arbeitsplatz nicht gelegen sein! Nach einigem Suchen finden wir auch die rasterförmig angelegten Transekte mit den Bodenfallen – hier kann es morgen früh losgehen. Hoffentlich können wir in den kommenden Wochen genug Kandidaten für unsere Studie fangen.

Wir fahren nicht direkt zum Wohnwagen, sondern machen, vom Wellenrauschen angelockt, einen Umweg zum nahegelegenen Strand. Es ist früher Abend, die untergehende Sonne taucht alles in ein Farbenmeer aus rosa und hellblau. Schon für diesen Anblick hat sich die lange Fahrt gelohnt! Das Meer liegt ganz flach, nur sachte erreichen kleine Wellen das Ufer (was bei meinem Mann für Unmut sorgt, da er sich zu gerne gleich mit seinem Bodyboard in die Fluten gestürzt hätte). Wir setzen uns an den Strand, ich ziehe mir die Mütze tief über die Ohren, atme tief ein und genieße den Ausblick. Da bewegt sich plötzlich etwas Großes im Wasser, nicht weit von uns entfernt. Viel zu groß für einen Delfin. Gemächlich hebt ein Wal seinen Kopf aus dem rosagefärbten Wasser, gerade weit genug, um seine Augen über die Meeresoberfläche zu heben.

Der unerwartete Strandbesucher ist ein Südlicher Glattwal (oder Südkaper, *Eubalaena australis*). Zu diesem Zeitpunkt wussten wir noch nicht, dass wir in den kommenden Monaten fast täglich Wale sehen würden. Die bis zu 15 Meter langen und 80 Tonnen schweren Glattwale ziehen von ihren Sommerfutterstellen nahe der Antarktis in flache, wärmere Gewässer. Die Gegend hier dient der Jungenaufzucht, die flachen Buchten schützen vor hungrigen Haien. Je flacher das Wasser, desto sicherer sind ihre Kälber – daher liegen die Muttertiere stundenlang nur wenige Meter vom Ufer entfernt im Wasser, während die Jungtiere verspielt um sie herumtoben. Wie fast alle Wale wurden Glattwale fast bis zur Ausrottung bejagt, ihre Zahl hat sich jedoch seit dem Ende des Walfangs glücklicherweise wieder erhöht und wird derzeit auf 10 000 Tiere geschätzt.

Unsere Walbegegnung an diesem ersten Abend dauert etwa zehn Minuten, die mir wie eine Ewigkeit vorkommen. Ganz ruhig liegt der Wal vor uns im Wasser und hebt seinen Kopf immer wieder sachte aus dem Wasser. Wir wagen es nicht zu sprechen und genießen die unerwartete Nähe zu dem Meeresriesen. Schließlich taucht er ab.

Löchriger Boden

Am nächsten Morgen fahren wir schon früh in das Fanggebiet. Die Fallen wurden seit einigen Jahren nicht mehr genutzt und müssen erst einmal in Stand gesetzt werden. Ein fester Deckel auf jeder Falle verhindert, dass größere Tiere sich in dem Loch verletzen oder kleine Vertreter hineinfallen. Ich komme an eine Falle, deren Deckel etwas verrutscht und wo der Boden entsprechend mit Wasser bedeckt ist. Als ich mich gerade tief über die Falle beuge, um das Wasser mit einer Dose auszuschöpfen, bewegt sich etwas. Erschreckt mache ich einen Satz zurück. Wahrscheinlich nur ein Frosch, denke ich und ärgere mich über meine Schreckhaftigkeit. Tatsächlich hat mir diese Reaktion wohl das Leben gerettet! Denn wie sich bei näherer Inspektion herausstellt, handelt es sich bei dem Fallenbewohner um eine Östliche Braunschlange *(Pseudonaja textilis)*. Ihr Gift steht auf der weltweiten Rangliste der tödlichsten Schlangentoxine an zweiter Stelle.

Das Vorkommen von Schlangen und Spinnen, die einen töten könnten, ist für viele Europäer in Australien anfangs gewöhnungsbedürftig, um nicht zu sagen beunruhigend. Ein Blick auf die Fakten zeigt jedoch, dass die Angst weitgehend unbegründet ist. Laut einer kürzlich veröffentlichten Studie starben zwischen den Jahren 2000 und 2013 auf dem ganzen riesigen Kontinent mit über 24 Millionen Einwohnern gerade einmal 64 Personen durch ein Tiertoxin. Darunter waren Bienen und Wespen genauso oft vertreten wie Schlangen. Drei Menschen starben durch Würfelquallen – niemand durch eine Spinne. Interessant ist, dass im selben Zeitraum über 70 Personen bei einem Pferdeunfall ums Leben kamen – mithin sind Pferde gefährlicher als alle giftigen Land- und Meerestiere Australiens zusammen! Von den Verkehrsopfern ganz zu schweigen. Diese Zahlen und das Wissen, dass keine Schlange einem etwas antun will, sondern sie nur zum Zweck der Verteidigung zuschnappen, helfen einem, einen kühlen Kopf zu bewahren. Man muss allerdings aufpassen, wo man hintritt!

Wir verbringen einige Stunden mit dem Instandsetzen der Fallen. In jede legen wir ein Stück Styropor, das als Unterschlupf oder als Floß dienen kann, falls es einen starken Schauer geben sollte und wir es nicht rechtzeitig zu den Fallen schaffen. Schließlich sind alle Fallen geöffnet und wir machen uns auf den Rückweg. Morgen früh werden wir vor Sonnenaufgang zur Stelle sein, um die Fallen zu kontrollieren.

Fettpolster versus Vorratskammer

Zurück im Wohnwagen müssen wir noch die Sender kalibrieren. Da wir hier kein schickes Wasserbad haben, stellen wir die gewünschte Wassertemperatur zwischen 5 °C und 40 °C in einem Thermogefäß mithilfe von Eiswürfeln und einem Wasserkocher ein. Das ist mit viel Warterei verbunden und nimmt insgesamt ein paar Stunden in Anspruch. Die von uns verwendeten Sender sind nur wenige Millimeter groß, um die Tiere nicht beim Klettern zu behindern und dennoch ihre Körpertemperatur messen zu können.

Wir sind gespannt, was wir hier herausfinden werden. Der Großteil der Winterschläfer setzt auf Fettpolster, um den Winter zu überstehen. Die Tiere fressen im Herbst wie verrückt und müssen mit ihren Fettreserven gut haushalten, damit sie es bis zum Frühling schaffen. Dazu gehört neben Igel und Fledermaus beispielsweise auch das Alpenmurmeltier *(Marmota marmota)*. Den Fettreserven-Strategen stehen jene Arten gegenüber, die im Herbst Vorräte anlegen, wie zum Beispiel der Feldhamster *(Cricetus cricetus)* oder das Streifen-Backenhörnchen *(Tamias striatus)*. Letztere können große Mengen an Futter in ihren Backentaschen tragen und haben eine Vorliebe für Samen von Nadelhölzern und Ahorn, aber auch Nussfrüchte wie Eicheln. Im Maul eines überfahrenen Tieres wurden einmal über 120 Ahorn-Propeller gefunden (die im Herbst so schön von den Bäumen wirbeln und auch Samaras genannt werden)! Backenhörnchen wiegen etwa 100 Gramm, leben alleine, verteidigen ihren Bau rigoros und bewegen sich niemals sehr weit von ihm weg, ihr Streifgebiet ist kleiner als ein Fußballfeld. Sie verbringen vier bis sieben Monate im Jahr im Winterschlaf. Zwischen Torporphasen naschen sie von den unterirdischen Vorräten, die mehrere hundert Eicheln umfassen können.

Eine Studie aus dem Jahre 2003 untersuchte den Winterschlaf dieser kleinen Nagetiere durch ein raffiniertes Experiment im Freiland. In Kanada lebt eine Population von Backenhörnchen, in der jedes Tier individuell markiert ist. Die Hälfte der Tiere musste mit selbstangelegten Vorräten auskommen, die andere Gruppe erhielt eine über dem Höhleneingang angebrachte Kiste mit Futter, das der jeweilige Bewohner dann innerhalb weniger Stunden in seinen Bau transportieren konnte. Dadurch konnte nur dieses Hörnchen (und kein Nachbar) an die Nahrung gelangen. Der Energiegehalt dieser zusätzlichen Nahrung war so hoch, dass die Tiere rein rechnerisch genügend Futter hatten, um den Winter ganz ohne Winterschlaf zu überstehen. Das Ergebnis war vielsagend: Die Hörnchen, die zusätzliches Futter hatten, nutzten 50 Prozent weniger Torpor als die Vergleichsgruppe! Außerdem sank ihre Körpertemperatur im Torpor weniger stark. Diese Ergebnisse zeigten, dass Torpor flexibel an die vorhandenen Energiequellen angepasst werden kann. Womöglich ist der Torporzustand für die Tiere sogar mit Nachteilen verbunden.

Beide Strategien stellen Anpassungen an einen saisonalen Lebensraum dar, denn sowohl das Anfressen von Fettpolstern als auch das Anlegen von Vorräten setzt wochenlange Planung voraus. In Lebensräumen wie hier in Südaustralien sind Nahrungsengpässe hingegen nicht abzusehen. Was passiert, wenn ein kurzer, unerwarteter Kälteeinbruch Nahrungsquellen wie Insekten plötzlich versiegen lässt? Von Bilchbeutlern wissen wir, dass sie keine Vorräte anlegen, unter Laborbedingungen aber schnell viel Gewicht zulegen können. Würden sie in kurzer Zeit ausreichend Fett einlagern, um im Freiland Winterschlaf zu halten? Die Kalibrierung der Sender ist abgeschlossen, jetzt steht dem Beginn unseres Projekts nichts mehr im Wege.

Beutler im Tagestorpor

Um fünf Uhr klingelt der Wecker, vor Sonnenaufgang wollen wir mit dem Kontrollieren der Fallen beginnen. Am Fanggebiet angekommen teilen wir uns auf und laufen konzentriert eine Falle nach der anderen ab, doch, wie sich herausstellt, haben wir außer ein paar Fröschen nichts gefangen. So geht es die nächsten fünf Tage, Frustration macht sich breit.

Die Situation erinnert mich an meine Doktorarbeit über Beutelmäuse in Trockengebieten etwa 500 Kilometer nordöstlich von hier. Damals wurde meine Frustrationstoleranz tatsächlich auf eine harte Probe gestellt, denn erst nach Monaten intensiver Feldarbeit hatte ich ausreichend Tiere gefangen. Forschungsgegenstand war das Torporverhalten von Dunnart (Schmalfußbeutelmaus, *Sminthopsis crassicaudata*) und Planigale (Flachkopfbeutelmaus, *Planigale gilesi*). Diese etwa zehn Gramm kleinen insektenfressenden Raubbeutler leben in tiefen Erdspalten, die sich in der sonnenverbrannten Tonerde bilden. Sie sind keine Winterschläfer, sondern nutzen Tagestorpor.

In Australien ist Tagestorpor vor allem unter den insektenfressenden Beuteltieren (Dasyuromorphia) sehr verbreitet. Dunnarts und Planigales etwa nutzen Torpor im Winter extensiv. Die meiste Zeit verbringen sie torpid in ihren Erdspalten mit einer Körpertemperatur von etwa 13 °C. Ein typischer Dunnart-Tag im schönen Kinchega Nationalpark sieht so aus: Gegen 18 Uhr verlässt er sein Nest und jagt für etwa zwei Stunden Insekten und Spinnen. Um 20 Uhr beginnt er eine Torporphase, die bis um 11 Uhr am kommenden Tag andauert. Und dann macht er etwas, was wirklich sehr unerwartet ist für ein als streng nachtaktiv bekanntes Tier: Er kriecht am helllichten Tag aus seiner Erdspalte, sucht sich ein sonniges Plätzchen und macht es sich dort gemütlich. Ich traute meinen Augen nicht,

Lisa Warnecke mit einem Dunnart (Schmalfußbeutelmaus, Sminthopsis crassicaudata*) im westlichen New South Wales, Australien. Diese Art nutzt Tagestorpor.*

als ich es zum ersten Mal sah! Sonnenbaden oder *Basking* nennen wir dieses Verhalten, das viele von ihrer Katze kennen. In den Jahren 2008 und 2009 veröffentlichte ich gemeinsam mit Kollegen Beobachtungen, wie Dunnarts und Planigales mit einer torpiden Körpertemperatur von nur 13,8 °C aus ihren Erdspalten kriechen und sich in die Sonne setzen. Diese kontrollierten Bewegungen mit torpiden Körpertemperaturen sind erstaunlich. Die von uns gemessenen Werte zählen zu den niedrigsten Körpertemperaturen überhaupt, bei denen Säugetiere mit zielgerichteter Vorwärtsbewegung beobachtet wurden. Auf ihrer Sonnenbank angekommen beginnen sie die Aufwärmphase auf ihre normotherme Körpertemperatur von 36 °C. Dieses Basking-Verhalten konnten wir regelmäßig beobachten, es scheint also vorteilhaft zu sein für diese kleinen Beutler. Doch wie viel Energie sparen sie dadurch im Vergleich zur Aufwärmphase in der sicheren Erdspalte wirklich ein?

Um das herauszufinden, untersuchte ich den Zusammenhang

von Torpor und Basking genauer. Stoffwechselmessungen bei 15 °C Umgebungstemperatur zeigten, dass Tiere auch unter Laborbedingungen im torpiden Zustand von einem schattigen Teil des Gefäßes unter die Wärmelampe laufen und dadurch ihre Aufwärmkosten auf ein Drittel reduzieren. Durch die Kombination von Torpor und Basking können die Tiere ihren Tagesenergieverbrauch von 130 auf 48 Milliliter Sauerstoff pro Gramm und Tag senken, dies entspricht einer Einsparung von über 60 Prozent. Diese Laborergebnisse untermauern unsere Freilandergebnisse darin, dass Basking den Beutelmäusen erhebliche Einsparung verschafft und sie dadurch mit kürzeren Jagdzeiten auskommen. Die energetischen Vorteile scheinen die erhöhte Gefahr des Gefressenwerdens aufzuwiegen, die durch das Verlassen des sicheren Versteckes für das Sonnenbad entstehen. Damals verbrachte ich endlose Wochen und Monaten im Feld, um überhaupt nur Tiere zu fangen. Hoffentlich wird es bei uns dieses Mal nicht ganz so lange dauern.

Zitternde Beutler

In der zweiten Woche, nach einer windigen Nacht, haben wir schließlich Glück. Zusammengerollt liegt ein Bilchbeutler gleich in der ersten Falle. Ich hebe ihn vorsichtig hoch, er ist kalt und scheinbar leblos – torpid eben. Sein langer Schwanz ist zu einer festen Schnecke gerollt und seine Ohren sind dicht an den Körper gelegt. Je runder ein Objekt, desto weniger Oberfläche hat es im Verhältnis zum Volumen und damit einen geringeren Wärmeverlust – der schlaue Bilchbeutler scheint das zu wissen und sieht aus wie ein Golfball mit kuscheligem Fell.

Er beginnt mit dem Wärmezittern, einem speziellen Muskelzittern zur Wärmeproduktion – demnach hat er die Störung wahrgenommen und die Aufwärmphase eingeleitet. Tatsächlich produzieren Beuteltiere den Großteil der benötigten Wärme durch Muskelzittern. Wir implantieren den kleinen Sender und lassen das Tier nach einer Erholungsphase am Fangort wieder frei. In der kommenden Woche können wir weitere Tiere fangen und mit Sendern ausstatten. Nun kann die Datenaufnahme endlich beginnen.

Die nächsten Nächte verbringen wir mit Radio-Tracking. Wir verfolgen die Bilchbeutler bei ihren nächtlichen Streifzügen durch den Park. Geschwind klettern sie von Ast zu Ast, ihr langer Schwanz hilft ihnen bei der Balance. Durch den Sender können wir die Bewegungsmuster aus der Entfernung verfolgen, ohne Störungen im Verhalten zu verursachen. Neben dem genauen Standort verraten uns die Sender, wie schon bei Igel und Fledermaus, auch die Körpertemperatur der Tiere. Sobald wir einige Grundlagendaten über ökologische Aspekte wie Verhalten und Bewegungsradius gesammelt haben, konzentrieren wir uns wieder auf das Wesentliche: Messungen der Körpertemperatur, die uns über den Torporgebrauch aufklärt.

Sobald wir das Nest eines Tieres lokalisiert haben, stellen wir eine unserer Messstationen in der Nähe auf. Die internen Sender haben eine viel geringere Signaltragweite als die externen Geräte bei den Fledermäusen und Igeln. Ein Nestwechsel führt hier automatisch dazu, dass sich das Tier aus der Empfänger-Reichweite entfernt. Und die Bilchbeutler wechseln ihr Nest gerne. So verbringen wir jeden Tag viele Stunden mit dem Umherlaufen im Nationalpark, bis wir genügend Messstationen um die aktuellen Nester herum aufgebaut haben und die Geräte laufen. Allerdings kehren die Tiere auch wieder zu alten Nestern zurück und nach ein paar Wochen kennen wir die Lieblingsplätze unserer Pappenheimer und kommen schneller mit unseren täglichen Aufgaben voran. Die Datenaufnahme läuft, doch bisher haben wir keine Anzeichen von Torpor aufzeichnen können.

Gefiederte Gesellen

Um zu sehen, ob ein Tier in Reichweite des Empfängers ist, müssen wir warten, bis die Messstation anspringt. Alle zehn Minuten geschieht das, dann heißt es schnell das kleine Kontrolllämpchen mit der Hand vom Sonnenlicht abschirmen, um zu sehen, ob es im Rhythmus der akustischen Signaltöne blinkt. Während wir auf das Anspringen des Messgerätes warten, beobachten wir eine Gruppe von Graumantelbrillenvögeln *(Zosterops lateralis)*, die aufgeregt in einem Busch umherspringen. Im Frühling werden diese grau-grünen Zugvögel mit dem charakteristischen weißen Ring um die Augen zum Brüten nach Tasmanien fliegen. Zur Orientierung nutzen sie dabei die Magnetfelder der Erde, wie man herausgefunden hat. Faszinierend ist aber nicht nur, wie Zugtiere sich in der Landschaft orientieren, sondern auch, wie sie auf ihren langen Touren mit den wechselnden Nahrungsressourcen zurechtkommen. Oft ist die Migration bei Vögeln und Fledermäusen mit Torpor gekoppelt. Die Meister im Torpor unter den gefiederten Tieren sind Kolibris *(Trochilidae)*.

Das überrascht nicht, denn diese winzigen Vögel sind wie Fledermäuse durch ein ungünstiges Verhältnis von Körperoberfläche und Volumen einem besonders hohen Wärmeverlust an die Umgebung ausgesetzt. Sie haben einen sehr hohen Stoffwechsel, um warm zu bleiben, und können aufgrund ihrer geringen Größe kaum Fett speichern. Zudem ist das Fliegen eine energetisch teure Fortbewegung, besonders ihr berühmter Schwirrflug kostet viel Energie. Dennoch legen Kolibris oft weite Strecken zurück. Die nur drei Gramm schwere Rotrücken-Zimtelfe *(Selasphorus rufus)* zum Beispiel fliegt auf ihren jährlichen Zügen zwischen Mexiko und Alaska über 3000 Kilometer! Torpor nutzen sie in verschiedener Ausprägung, dabei reduzieren sie ihre Körpertemperatur auf ein Minimum von 13 °C und bleiben maximal für zehn Stunden im Torpor.

Der größte Vogel, für den bislang Torpor nachgewiesen werden konnte, ist der australische Eulenschwalm *(Podargus strigoides)*. Er sitzt tagsüber völlig bewegungslos in Astgabeln und wird daher

Der größte Vogel, für den Torpor bisher nachgewiesen wurde: der australische Eulenschwalm (Podargus strigoides). *Die Art nutzt Tagestorpor.*

von Wanderern meist übersehen. Mit 350 Gramm ist er sehr schwer für einen Vogel, die für den Flug eine Leichtbauweise entwickelt haben. (Selbst ein Steinadler mit einer Spannweite von über zwei Metern wiegt weniger als fünf Kilogramm!) Torpor tritt bei Vögeln nur in der Form von Tagestorpor auf – mit einer Ausnahme: der Winternachtschwalbe *(Phalaenoptilus nuttallii)*.

Dieser einzige Winterschläfer unter den Vögeln zeigt Torporphasen von bis zu fünf Tagen Dauer. Was macht ihn so besonders? Kanadische Kollegen spekulierten im Jahr 2004, dass es sich hier um eine spezielle Anpassung eines rein fluginsektenfressenden Tieres an die harten Bedingungen in den Trockenzonen handele. Viele Aspekte des Winterschlafs bei der Winternachtschwalbe erinnern an klassische Winterschläfer, etwa die periodischen Aufwärmphasen oder der untere Körpertemperatur-Schwellenwert. Es gibt aber auch Unterschiede, zum Beispiel, dass die Winternachtschwalbe exponierte Stellen für den Winterschlaf sucht.

Unsere Bilchbeutler leben in einfach strukturierten Nestern in Büschen oder am Boden – kommt Winterschlaf also überhaupt für sie in Frage? Die kommenden Wochen werden es zeigen. Endlich springt das Messgerät an. Alle Tiere sind in Reichweite und wir können uns auf den Heimweg machen. Jetzt heißt es, auf ein paar kalte Nächte hoffen!

Shiraz oder Cab-Sav?

Wenige Tage später ist es so weit. Unser ungeheizter Wohnwagen lässt uns auch ohne Thermometer vermuten, dass die Temperatur sich nicht weit vom Gefrierpunkt befindet. Wir huschen verfroren und mit leerem Magen zum Auto und fahren im Sonnenaufgang zu unserem Forschungsgebiet. Aufgeschreckte Kängurus hüpfen eilig davon, die ersten Sonnenstrahlen fallen auf die umliegenden Grasbäume. Zuletzt gehen wir zu Fuß weiter, um unsere Freunde aufzusuchen und die Messgeräte zu kontrollieren. Keines der Tiere hat in der vorigen Nacht sein Nest gewechselt, das ist schon sehr vielversprechend. Sollten wir die ersten Körpertemperatur-Daten von torpiden Westlichen Bilchbeutlern im Freiland gesammelt haben?

Gespannt laden wir die Daten herunter und suchen uns anschließend ein gemütliches Plätzchen auf einem umgefallenen Baum in der inzwischen etwas wärmenden Sonne. Eine Dose *Baked Beans* muss als Frühstück herhalten, während wir die endlosen Temperaturreihen als Grafik plotten. Bingo! Zwei Tiere haben letzte Nacht Torpor genutzt. Innerhalb der kommenden Woche bleiben die Nestwechsel bei allen Tieren aus und Torporstimmung macht sich breit. Unsere Messstationen verrichten ihre Arbeit ohne Zwischenfall und nehmen kontinuierlich Daten auf. Unser Projekt läuft. Obwohl wir noch täglich in den Nationalpark fahren, um alle Bilchbeutler zu orten und die Geräte zu überprüfen, sinkt unser Arbeitspensum für die kommenden Wochen etwas. Das bedeutet im Idealfall: Der Nachmittag ist frei für eine Fahrt ins nur einen Steinwurf entfernte McLaren Vale, ein Weinanbaugebiet der Spitzenklasse. Seit dem Jahr 1838 wird hier Wein produziert, die Gegend ist berühmt für dunklen, sonnenverwöhnten Shiraz und Cabernet Sauvignon. Himmlisch. In Dörfern wie Langhorne Creek kann man in wunderschönen Gärten und rustikalen Bars in aller Ruhe Weine probieren. Oft werden dazu feiner Käse und Oliven gereicht, die Stimmung ist wohltuend und gastfreundlich. Besser geht es nicht! Der Schlafentzug, das frühe Aufstehen, der kalte, enge Wohnwagen, das endlose Laufen durch den Busch, die Frustration mit Geräten oder verschwundenen Tieren – alles scheint auf einmal so fern. So lässt es sich leben, während unsere Bilchbeutler im Torpor schlummern.

Kapitel 4

—

Schlummernde Primaten

Sonnenbad

Lemuren sind uns Menschen nicht nur genetisch verblüffend ähnlich. Auch Gemeinsamkeiten im Verhalten erinnern oft daran, dass sie Primaten wie wir sind. An kühlen, sonnigen Morgen genießen Lemuren mit Vorliebe ein Sonnenbad. In den Baumkronen oder auf dem Boden sitzend halten sie ihre Gesichter und Bäuche der wärmenden Sonne entgegen – so wie die Hamburger an einem sonnigen Frühlingsmorgen am Elbstrand. Lemuren gibt es nur in Madagaskar, die bekanntesten Vertreter sind die Kattas *(Lemur catta)* mit ihren schwarz-weißen Ringelschwänzen. Beim morgendlichen Sonnenbad erinnern sie an eine Gruppe Yogafreunde, die im Schneidersitz im Park sitzen – den Rücken aufrecht, die Hände mit den Handflächen nach oben zeigend auf die Knie gelegt – und ihr Gesicht bewegungslos der Sonne zugewandt halten. Ganz ähnlich auch die Sifakas *(Propithecus verreauxi)*, große Lemuren mit überwiegend gelblich-weißem Fell, die morgens gerne die Sonne genießen. Sie klettern und springen sonst von Baum zu Baum und haben sich motorisch so sehr daran angepasst, dass sie sich auch auf dem Boden nur auf zwei Beinen seitwärts hüpfend fortbewegen, die Arme ausgestreckt. Diese aufrechte, springende Fortbewegung sieht ulkig aus und verleiht ihnen menschliche Züge – dementsprechend ranken sich diverse Mythen um ihren Ursprung und um ihre Verbindung zum Menschen.

Wie die Kattas und Sifakas sind die meisten Lemuren tagaktive Vegetarier, die keinen Torpor zeigen. Für sie sind die Sonnenstrahlen nach einer kühlen Nacht eine willkommene Wärmequelle. Energetische Vorteile des Basking-Verhaltens sind für Lemuren nicht nachgewiesen, aber sehr wahrscheinlich. Kattas beispielsweise zeigen dieses Verhalten, wenn die morgendliche Umgebungstemperatur unter 13 °C liegt und beenden es, sobald 26 °C überschritten wird. Doch müssen Lemuren die energetischen Vorteile des Sonnenbadens sorgfältig abwägen mit den verbundenen Risiken, vor allem wenn sie zu den kleineren Arten zählen, denn zwei hungrige Räuber in dieser Gegend verspeisen mit Vorliebe Lemuren. Die zu den Habichtartigen gehörende Madagaskarhöhlenweihe *(Polyboroides radiatus)* macht gern Jagd auf die in den lichten Baumkronen ungeschützten Sonnenfreunde. Die andere Gefahr kommt vom Boden, denn die Hälfte der Nahrung der Fossa *(Cryptoprocta ferox)* besteht aus Lemuren. Sie ist mit bis zu zwölf Kilogramm Körpergewicht das größte Raubtier Madagaskars und erinnert an einen kleinen Puma. Da sie sowohl tagsüber als auch nachts auf Jagd ist, sind alle kleineren Lemuren-Arten potenzielle Opfer, ob sie nun tag- oder nachtaktiv sind.

Torpor bei Lemuren beschränkt sich unseres Wissens auf die kleineren, nachtaktiven Vertreter. Insgesamt gibt es bisher für elf Arten den Nachweis, dass sie Torpor nutzen, sie gehören zu den Fettschwanzmakis und den Mausmakis. Doch die wirkliche Zahl liegt mit Sicherheit höher, denn der Großteil ist noch nicht untersucht worden.

Primaten untersuchen Primaten

In unserer Hamburger Arbeitsgruppe bin ich eine Exotin, denn ich war noch nie in Madagaskar. Für fast alle anderen hier ist es die zweite Heimat. Ständig ist jemand von uns für ein Freilandprojekt gerade dort oder steckt mitten in den Vorbereitungen für einen anstehenden Aufenthalt. Meine Kollegin Kathrin Dausmann ist führend in der Freilandforschung über winterschlafende Primaten. Sie war es, die erstmals anhand detaillierter physiologischer Daten beweisen konnte, dass Primaten im Freiland Winterschlaf halten. Seitdem hat sie unzählige Studien über die Ökophysiologie verschiedenster Lemurenarten geleitet. Hinzu kommt der «Silberrücken» des Arbeitskreises, der seit vielen Jahrzehnten über die Ökologie Madagaskars forscht und darüber weit über 100 wissenschaftliche Artikel veröffentlicht hat. Im Jahr 2016 wurde sogar eine Lemurenart nach ihm benannt! So sitze ich an der Quelle der Forschung über die faszinierende Fauna Madagaskars und über winterschlafende Primaten in den Tropen. Die Lemuren Madagaskars hüten solch spannende Geheimnisse des Winterschlafs, dass ein Abstecher in ihre Welt in diesem Buch nicht fehlen soll – auch wenn ich die kleinen Affen leider noch nie außerhalb eines Zoos gesehen habe (immerhin konnte ich als gebürtige Frankfurterin sowohl Fettschwanzmakis als auch Mausmakis schon oft im Grzimek-Haus bewundern).

Schon seit knapp 40 Jahren wird aufgrund von Verhaltensbeobachtungen angenommen, dass Fettschwanzmakis Winterschlaf halten, denn die Tiere verschwinden während der Trockenzeit für Monate in ihren Baumhöhlen. Doch niemand hatte ihre Körpertemperatur geschweige denn die Stoffwechselleistung im Freiland gemessen – bis zu den ersten ökophysiologischen Feldforschungen meiner Kollegin vor einigen Jahren, die ich hier beschreibe. Die Idee des Winterschlafs in den Tropen ist nicht neu (Charles Darwin vermutete dies schon im Jahr 1845!), dennoch stehen wir ganz am Anfang unseres Wissens auf diesem Gebiet. Mit ihren Ergebnissen zu den Überlebensstrategien der madagassischen Affen hat meine Kollegin gehörigen Aufruhr in der Welt der Winterschlafforschung verursacht – doch immer schön der Reihe nach.

Inselbewohner

Acht Monate im Jahr fällt im Westen Madagaskars kein Tropfen Regen. Grüne Gräser können sich deshalb kaum durchsetzen, die Landschaft wird dominiert von roter Erde, struppigen Büschen und Baobab-Bäumen. Meine Kollegin untersucht die Westlichen Fettschwanzmakis *(Cheirogaleus medius)* während dieser sehr langen Dürreperiode. Damit geht das Projekt gleich zwei großen Unbekannten nach: Winterschlaf bei Primaten und Winterschlaf in den Tropen.

Trotz der langen Dürreperiode gehört Madagaskar in die tropische Klimazone, die durchschnittliche Jahrestemperatur liegt bei etwa 25 °C. Die viertgrößte Insel der Welt besticht durch eine hohe Diversität an Lebensräumen. Die Ostküste ist von Regenwald dominiert, während es im Westen viel trockener ist. Dies liegt an einer Hochebene, die im Schnitt etwa 1000 Meter hoch ist, mit dem Gipfel *Maromokotro* von fast 3000 Metern Höhe. Diese Hochebene zieht sich in Nord-Süd-Richtung über die gesamte Insel und bildet so eine Barriere, an der sich die vom Osten herübertreibenden Wolken abregnen. Auf diese Weise entsteht ein Regenfallgradient, der von Osten nach Westen von 4000 auf 500 Millimeter Niederschlag pro Jahr abfällt (in Deutschland sind es zum Vergleich etwa 750 Millimeter). Hier hat sich eine im wahrsten Sinne des Wortes einmalige Tier- und Pflanzenwelt entwickelt, denn die Mehrzahl der Arten ist endemisch, sie kommen also ausschließlich in Madagaskar vor und sonst nirgends auf der Welt. Von den 12 000 Pflanzenarten sind fast 10 000 endemisch. Ähnlich sieht es bei den Wirbeltieren aus: Von den knapp 1000 Arten sind knapp 800 endemisch. Die meisten von ihnen sind stark bedroht, denn von der ursprünglichen Vegetation (etwa 90 Prozent der Insel waren einmal bewaldet) ist inzwischen weniger als zehn Prozent übrig! Die hohe Anzahl an Endemiten sowie ihre akute Bedrohung machen Madagaskar zu einem sogenannten *Biodiversitäts-Hotspot*. Lemuren sind dabei ohne Frage die berühmtesten Tiere Madagaskars.

Lemuren gehören in die Ordnung der Primaten. Diese spaltet

Westlicher Fettschwanzmaki (Cheirogaleus medius) *im Trockenwald Madagaskars.*

sich in zwei Unterordnungen auf: Feuchtnasenprimaten *(Strepsirrhini)* und Trockennasenprimaten *(Haplorrhini)*. Wir Menschen gehören zusammen mit weiteren bekannten Vertretern wie Schimpanse und Orang-Utan zu den Trockennasenprimaten. Die Feuchtnasenprimaten werden unterteilt in *Lemuriformes* (= Lemuren) und die *Lorisiformes* (= Loris und Galagos). Letztere kommen in Afrika und Asien vor, während Lemuren ausschließlich in Madagaskar leben. Und abgesehen von den Menschen sind Lemuren die einzigen Primaten in Madagaskar. Die Menschen ließen sich interessanterweise viel Zeit mit der Besiedlung der Insel: Madagaskar gilt als eine der am spätesten besiedelten Gegenden der Erde – obwohl es nur einen Katzensprung entfernt ist vom Ursprung des *Homo sapiens*! Die menschliche Besiedlung erfolgte wohl erst vor wenigen 1000 Jahren von Indonesiern und afrikanischen Bantu-Migranten. Sehr lange hatten die madagassischen Tiere dementsprechend ihre Ruhe, mit der Folge, dass sie hier eine unbeschreiblich bunte Vielfalt ungestört entwickeln konnten.

Zum Fangen der Fettschwanzmakis wird im Trockenwald ein Fanggebiet eingerichtet, das vom Camp per Fußmarsch gut zu erreichen ist. Dabei muss ein Fluss überquert werden, der jedoch zu Beginn der Trockenzeit kein Wasser mehr führt. Selbst in der Regenzeit lädt er zum Badespaß nur unter größter Vorsicht ein, denn eines der größten Reptilien der Welt wohnt in diesen Gewässern: das Nilkrokodil *(Crocodylus niloticus)*. Es kann stolze sechs Meter lang werden; immer wieder kommt es zu Opfern unter der Bevölkerung, die zum Waschen ihrer Wäsche auf die Flüsse angewiesen ist. In der Gegend leben aber auch eine Vielzahl von wünschenswerteren Zeitgenossen, wie etwa der Seidenkuckuck *(Coua cristata)* oder Tarnungsspezialisten wie die Flachrückenschildkröte *(Pyxis planicauda)*, das Chamäleon *(Furcifer labordi)* und der Plattschwanzgecko *(Uroplatus guentheri)*. Zum Fangen der nachtaktiven Makis dienen 200 kleine Käfigfallen (auch Lebendfallen genannt), die im Gelände versteckt abends gestellt und morgens kontrolliert werden. Das System ist einfach: Bananenstücke werden hinter das kleine berührungsempfindliche Trittbrett in der Falle gelegt. Das Tier riecht die Banane, tritt auf dem Weg zum hinteren Ende der Falle auf den Klappmechanismus und löst so das Schließen der Tür aus. Außer einem kleinen Schreck passiert dem Tier nichts, es kann in aller Ruhe den Köder verspeisen und dann warten, bis die Tür geöffnet wird.

Surfende Lemuren

Frühmorgens werden die Fallen kontrolliert. Zu einer Zeit, in der nur die Vögel schon gut gelaunt sind, wie etwa die in der Gegend häufigen Graukópfchen *(Agapornis canus)*. Der deutsche Name wird ihnen nicht gerecht, denn es handelt sich um hübsche, grünweiße Papageien. Der englische Name *Madagascar love bird* ist da charmanter und auch passender, denn diese Art ist für ihre enge, monogame Paarbindung bekannt. Auch unsere Fettschwanzmakis und viele andere Lemuren-Arten zeigen lebenslange Paarbildung, oft haben die Frauen das Sagen.

Vorsichtig werden die Neufänge zum Camp transportiert. Dort beginnt dann das Messen und Wiegen der Tiere sowie das Anbringen der Halsbandsender. Da die Lemuren sich im Nest zusammenkugeln, wird der zur Brust ausgerichtete Temperaturfühler während der Ruhephasen eng an den Körper gedrückt und spiegelt daher die Körpertemperatur der Tiere wider. Das ist für die Forschung im tropischen Lebensraum besonders wichtig, da hier normotherme und torpide Körpertemperatur oft eng beieinanderliegen. Zusätzlich zu ihren Halsbandsendern bekommen alle Tiere einen Haustier-Mikrochip zur individuellen Kennzeichnung.

Am späten Nachmittag werden die Tiere an ihrem jeweiligen Fangort freigelassen, damit sie sich gut orientieren können und noch in der gleichen Nacht die Möglichkeit zur Suche nach Früchten und Insekten haben. Der Fangerfolg ist glücklicherweise so hoch, so dass diese Phase zügig abgeschlossen werden kann. Anschließend beginnt die tägliche Radio-Tracking-Arbeit: Mithilfe von Empfänger und Antenne werden Aktivität und Temperaturprofile aufgezeichnet. Denn über die Tiere ist so wenig bekannt – noch nicht einmal, wie sie nach Madagaskar gekommen sind!

Trotz der Nähe zum afrikanischen Festland – der trennende Mosambik-Kanal ist zum Teil nur einige hundert Kilometer breit – ist Madagaskar erdgeschichtlich näher mit Indien verwandt. Von Afrika trennte es sich vor 120 Millionen Jahren, die indische Landmasse trieb «erst» vor 88 Millionen Jahren von Madagaskar weg.

Vor 65 Millionen Jahren kam es infolge eines Meteoriteneinschlags bei Chicxulub in Mexiko weltweit zu einem Massenaussterben, bei dem 76 Prozent aller Tierarten vernichtet wurden, inklusive der Dinosaurier (abgesehen von den Vogel-Dinos). Die Säugetiere nutzten die freigewordenen ökologischen Nischen und zeigten weltweit eine rasante Speziation (= Artentstehung). Aufgrund von Merkmalsähnlichkeiten geht man davon aus, dass Säugetiere erst nach diesem Massenaussterben nach Madagaskar fanden, im Känozoikum.

Geologischen Funden zufolge kamen die Lemuren vor 60 bis 50 Millionen Jahren, die Igel-Tenreks vor 42 bis 25 Millionen Jahren, die Raubtiere vor 26 bis 19 Millionen Jahren und die Nagetiere vor 24 bis 20 Millionen Jahren. So weit, so gut, doch über den Weg der Besiedlung sagt das nichts aus. Nach neuesten Erkenntnissen gilt eine Landverbindung als sehr unwahrscheinlich. Vielmehr nimmt man an, dass die ersten Säugetiere vom Festland auf abgebrochenen Vegetationsmatten über den Kanal getrieben worden sind. Surfende Lemuren – wirklich? Die damaligen Ozeanströmungen haben die Surfer wohl begünstigt, und wir reden ja über Hunderttausende von Jahren, in denen dieser Prozess nur einmal gelingen musste. Dennoch, die Vorstellung, dass ein Tierchen über 400 Kilometer auf einem Stück Vegetation über den Ozean treibt, um dann auf einer abgelegenen Insel ein evolutives Feuerwerk zu starten, ist schon verrückt.

Torpor könnte eventuell bei dieser gewagten Besiedlungsmethode geholfen haben. Wenn man als Kleinsäuger wochenlang ohne Nahrung auf einer schwimmenden Matte verbringen muss, würde sich ein Energiesparmodus wie Torpor ganz vorzüglich anbieten. Kritiker dieser Theorie bemängeln, dass Tiere nur bei Ruhe in den Torporzustand gehen, der Stress der schaukelnden Wellen macht dies sehr unwahrscheinlich. Und es ist auch noch nicht einmal sicher, ob der Lemuren-Urahn damals vor 60 Millionen Jahren überhaupt zum Torpor fähig war.

Durstige Landschaft

Wie überleben Tiere in ariden, wasserarmen Gegenden? Wasser ist essentiell zum Überleben. Es hat viele wichtige Funktionen wie Temperaturregulation, Transport von Stoffwechselprodukten, Ausscheidung von Abfallprodukten und dient als Lösungsmittel für andere Stoffe. Dazu kommen noch weniger offensichtliche Funktionen wie der Transport von Licht im Auge oder von Geräuschen im Ohr. Wasser macht 60 bis 80 Prozent eines Tierkörpers aus und 98 Prozent aller Moleküle. Dieser hohe Anteil kommt daher, dass ein Wassermolekül viel kleiner ist als die größeren Moleküle wie Fette, Proteine oder Kohlenhydrate. Der Großteil des körpereigenen Wassers geht bei Säugetieren über die Lungenatmung verloren, oder es verdunstet über die Körperoberfläche. Diesem andauernden Verlust müssen Tiere ständig entgegenwirken.

In den 1950er Jahren gab es zum Thema Anpassung an aride Lebensräume bahnbrechende Publikationen von einem der Gründerväter der Vergleichenden Tierphysiologie, Knut Schmidt-Nielsen. Viele seiner wichtigsten Werke schrieb er zusammen mit seiner Frau Bodil Schmidt-Nielsen, die die erste Präsidentin der einflussreichen *American Physiological Society* war. Diverse Studien zeigen inzwischen, dass viele Anpassungskünstler an extrem trockene Lebensräume nicht trinken müssen! Sie können vom Wassergehalt in ihrer Nahrung leben, selbst wenn dies keine Insekten oder andere saftige Beutetiere sind, sondern nur wasserarme (aber fettreiche) Körner. Als zweite Quelle nutzen sie das Wasser, das bei der sogenannten Zellatmung körperintern produziert wird, denn bei der Spaltung von Nahrungsmolekülen zur Energiegewinnung werden einige Moleküle Wasser freigesetzt. Wüstentiere verfügen oft über weitere Anpassungen wie etwa eine extrem leistungsfähige Niere, die durch die Bildung von hochkonzentriertem Urin den Wasserverlust minimiert. Auch der Kot ist sehr trocken – Kamelkot kann beispielsweise direkt als Brennmaterial verwendet werden! Zusätzlich reduzieren spezielle Mechanismen den Wasserverlust durch Verdunstung über die Körperoberfläche. Und selbstverständlich spielt Torpor auch hier eine Rolle! Lange wurde Torpor als reiner Energiesparmechanismus «verkannt», doch er erzielt auch erhebliche Einsparungen im Wasserverbrauch, wie verschiedene Studien gezeigt haben. Zusätzlich zu physiologischen und morphologischen Anpassungen wird auch das Verhalten als Antwort auf trockene Lebensräume verändert. Die meisten Kleinsäuger in Wüstengebieten zeigen ihre Hauptaktivitätszeit in der Nacht. Bei zwei sympatrisch (= im selben Gebiet) lebenden Stachelmausarten wurde gezeigt, dass die Gold-Stachelmaus *(Acomys russatus)* durch Konkurrenzkampf mit der ägyptischen Stachelmaus *(Acomys cahirinus)* trotz der Hitze in die Tagaktivität gezwungen wurde. Interessanterweise zeigen beide Arten dennoch den gleichen Wasserverbrauch, was wiederum auf eine Anpassung hindeutet.

Wasserarmer Lebensraum hat auch bei ektothermen Tieren erstaunliche Anpassungen hervorgerufen. Es gibt beispielsweise Frösche, die durch einen Kokon geschützt monatelang im trockenen Sand vergraben überdauern. Mein Lieblingsreptil besticht durch eine besonders raffinierte Anpassung: Es kann mit den Füßen trinken! Die Rede ist vom australischen Dornenteufel *(Moloch horridus)*, der ausschließlich Ameisen frisst, sich in Zeitlupe fortbewegt und mit dornenähnlichen Knubbeln bedeckt ist. Er kann tatsächlich seine Füße in eine Pfütze halten, durch spezielle Kapillarsysteme auf seiner Haut das Wasser aufsaugen und auf diese Weise bis zum Mund transportieren.

Ende März beginnt die Trockenzeit und die Fettschwanzmakis reduzieren tagtäglich ihre Aktivität. Anfang April geht es dann los mit den ersten Torporphasen. Während einer Übergangsperiode von etwa zwei Wochen sind diese von nur kurzer Dauer. Mitte April zeigen ausgewachsene Tiere die ersten mehrtägigen Torporphasen. Diese Informationen werden ohne automatische Messstationen gesammelt, meine Kollegin führt alle Datenaufnahmen per Handmessung durch. Dazu wird das Leben komplett in den Wald verlegt, um so viele Messungen wie möglich über den Tag und über die Nacht verteilt machen zu können. Alles dreht sich nur noch um die Datenaufnahme, eine Hängematte zwischen zwei Bäumen dient kurzen Verschnaufpausen. Schon sehr bald lässt sich erkennen, dass es sich nicht etwa um kurze Phasen der eingeschränkten Thermoregulation handelt, sondern dass die Tiere waschechte Torporphasen von mehreren Wochen Dauer zeigen. Auch wenn das Projekt noch ganz am Anfang steht, so ist schon jetzt klar, dass diese Primaten im Freiland Winterschlaf halten.

Die Vorstellung eines Igels im Winterschlaf ist uns vertraut, aber der Gedanke an Primaten im wochenlangen Torporzustand ist erst einmal befremdlich. Er führt zu der Frage, warum Torpor nicht bei den Trockennasenprimaten zu finden ist, zu denen wir *Homo sapiens* ja auch gehören. Vielleicht haben wir uns evolutiv selbst den Weg dazu verbaut, durch das Auffinden von ständigen Energiequellen und Wasservorräten war vielleicht keine Notwendigkeit gegeben, um diese Überlebensstrategie in unseren physiologischen Baukasten einzubauen. Diese Gründe sind rein spekulativ – es gibt kein «Torpor-Gen», das verrät, ob ein Lebewesen heterotherme Fähigkeiten hat oder hatte. Doch eine darauf aufbauende Frage drängt sich förmlich auf und ist so essentiell, dass sie weltweit millionenschwere Forschungsprojekte anfeuert: Wenn unsere nahen Verwandten das können, dann muss es doch einen Weg geben, diesen Zustand bei uns Menschen künstlich hervorzurufen?

Torpid zum Mars

Eines der größten Wunder des Winterschlafs ist die Tatsache, dass die Organe den langen Ausnahmezustand unbeschadet überstehen. Der Darm wird beispielsweise plötzlich stillgelegt, die unverzichtbaren Darmbakterien werden lange nicht gefüttert – dennoch ist alles nach monatelanger Unterkühlung blitzartig einsatzbereit. Organe und Muskulatur können trotz der extrem niedrigen Sauerstoffzufuhr den Torporzustand unbeschadet überstehen. Das Interesse von humanmedizinischer Seite an der künstlichen Erzeugung eines Torpor-ähnlichen Zustands ist daher naheliegend, denn bei diversen Krankheiten und Unfällen stellt die kurzzeitige Sauerstoff-Unterversorgung ein Hauptproblem dar. Für eine verbesserte Versorgung bei Unterkühlung oder Mangeldurchblutung wäre eine medizinische Anwendung ebenso interessant wie für lange dauernde Operationen. Bei Organtransplantationen hätte eine Reduzierung von Temperaturempfindlichkeit und Sauerstoffbedarf des Gewebes positive Auswirkungen auf Lagerung und Transport. Für eine der häufigsten Todesursachen hierzulande wären potenzielle Anwendungen ebenso interessant. Im Jahr 2015 starben über 350 000 Menschen an einer Herz-Kreislauf-Krankheit (unter anderem Schlaganfall, Hirnschlag, Herzstillstand), das entspricht fast 40 Prozent aller Todesfälle in Deutschland. Krebs lag, zum Vergleich, bei 25 Prozent.

Die Chancen, einen Herz-Kreislauf-Stillstand außerhalb eines Krankenhauses zu überleben, liegen zwischen 5 und 35 Prozent. Selbst bei einer erfolgreichen Wiederbelebung sind Gehirnschäden aufgrund der vorübergehenden Unterversorgung mit Sauerstoff ein großes Problem. Je wärmer ein Gewebe, desto mehr Sauerstoff benötigt es. Könnte eine künstlich reduzierte Körpertemperatur den Sauerstoffbedarf drosseln und so einen Therapieansatz darstellen?

Eine im Jahr 2002 veröffentlichte klinische Studie hat dies an Patienten getestet, die nach einem Herz-Kreislauf-Stillstand erfolgreich wiederbelebt worden waren und anschließend im Komazustand in ein Krankenhaus eingewiesen wurden. Eine Kontrollgruppe wurde nach dem gängigen Standardprotokoll behandelt, während eine zweite Gruppe einer künstlichen Senkung der Körpertemperatur ausgesetzt wurde. Die Komapatienten wurden während des Transports und im Krankenhaus durch Kühlelemente auf Kopf, Nacken, Rumpf und Extremitäten ausgekühlt, während Medikamente eine Erwärmung durch Zittern verhinderten. Die Körpertemperatur wurde auf diese Weise künstlich für 18 Stunden auf 33 °C gehalten, bevor eine langsame Erwärmung eingeleitet wurde, so dass nach spätestens 24 Stunden die normotherme Körpertemperatur von 37 °C erreicht war. Die Kontrollgruppe hatte durchgehend eine normotherme Körpertemperatur von 37 °C. Abgesehen von der Kältebehandlung wurden alle Patienten gleich behandelt.

Die Ergebnisse waren erstaunlich. In der Kälte-Gruppe überlebten fast 50 Prozent der Patienten, während die nach dem gängigen

Standardprotokoll behandelten Patienten eine Überlebensrate von nur 25 Prozent aufwiesen. Durch die erzwungene Herabsenkung der Körpertemperatur verdoppelten sich also die Überlebenschancen. Der für einen Tag gedrosselte Sauerstoffbedarf hatte positive Auswirkung auf die Regeneration des Körpers. Diese Veröffentlichung wurde in den vergangenen 15 Jahren über 4500 Mal (!) in der Fachliteratur zitiert – dies verdeutlicht das enorme Interesse der medizinischen Forschung an solchen Studien.

Neben der Humanmedizin zeigt noch ein weiterer Forschungsbereich unerwartet großes Interesse an der Torporforschung: die Raumfahrt. Schon in den frühen 1960er Jahren wurde vom künstlich erzeugten Winterschlaf für lange Weltall-Missionen geträumt, denn eine Tour zum Mars würde mehrere Jahre dauern. Vor allem, wenn es um torpide Primaten geht, horchen internationale Raumfahrtorganisationen wie die European Space Agency (ESA) oder die National Aeronautics and Space Administration (NASA) auf. In einem Report der NASA vom Januar 2017 wird beispielsweise ausdrücklich auf die Arbeit mit Lemuren hingewiesen. Durch die Erzeugung eines künstlich hervorgerufenen «Torpor-ähnlichen Zustands» während einer mehrjährigen Erkundungsmission erhofft man sich eine Reduzierung benötigter Ressourcen sowie eine geringere psychologische Belastung, verlangsamtes Altern und eine reduzierte Strahlenbelastung für die Astronauten, wie eine Studie aus dem Jahr 2015 zusammenfasst.

Ein künstlicher Torporzustand als medizinisches Behandlungskonzept und winterschlafende Astronauten auf dem Weg zum Mars? Aus physiologischer Sicht ist große Vorsicht geboten, wenn Torpor im Zusammenhang mit solchen Anwendungen diskutiert wird. Der oben beschriebene Unterkühlungszustand wird *Hypothermie* genannt und unterscheidet sich fundamental vom Torporzustand. Beide Zustände sind durch einen Abfall von Körpertemperatur und Stoffwechsel charakterisiert – hier hören die Gemeinsamkeiten aber auch schon auf. Torpor ist eine hochgradig kontrollierte thermoregulatorische Funktion, während Hypothermie das genaue Gegenteil davon darstellt: das Versagen der Thermoregulation. Dennoch werden die beiden Begriffe in der Literatur oft durcheinandergebracht.

Bei Labormäusen kann durch die Injektion von Schwefelwasserstoff ein «Torpor-ähnlicher» Zustand hervorgerufen werden. Der Stoff verhindert die innere Wärmeproduktion, wodurch die Thermoregulation ausgesetzt wird und eine Abkühlung erfolgt. Die Aufwärmung nach einigen Stunden ist dann lediglich durch die zeitliche Auswaschung des wirksamen Stoffes bewirkt. Beim Torporzustand hingegen handelt es sich um eine kontrollierte Herabsetzung des Körpertemperatur-Sollwerts im Hypothalamus; durch innere Wärmeerzeugung ist dieser Zustand jederzeit reversibel. Charakteristika wie Abkühl- und Aufwärmrate oder minimale Körpertemperatur zeigen entsprechende Unterschiede. Schließlich gilt es zu bedenken, dass Mäuse im Gegensatz zu Menschen heterotherm sind, sie können in einen natürlichen Torporzustand gehen und zeigen daher eine höhere Toleranz in Bezug auf niedrige Körpertemperaturen. Versuche mit hypothermen Tieren liefern spannende Ansätze, die Ergebnisse müssen jedoch mit Vorsicht interpretiert werden.

Zweifelsfrei liegt in der Erzeugung einer künstlichen Hypothermie großes Potenzial für medizinische Anwendungen. Und ohne Frage können wir viel lernen von den Winterschläfern und uns einige Tricks von ihnen abgucken, wie sie ihre Membranen, Organe und Muskeln trotz der langen Kälte- und Ruheperiode bei Laune halten – doch von der Erzeugung eines wirklichen Torporzustands beim Menschen sind wir weit entfernt. Zu komplex und meist unverstanden sind die zahllosen physiologischen Vorgänge, die zusammen den Torporzustand ausmachen. Medizinische Fortschritte sind selbstverständlich mehr als erwünscht, doch die Übertragung von Ergebnissen aus der Winterschlafforschung auf die angewandte Humanmedizin oder Raumfahrt sollte mit einem gesunden Blick für die Realität geschehen – selbst oder gerade dann, wenn es sich bei den tierischen Kandidaten um andere Primaten handelt.

Was der Atem verrät

Besonders an der Lemuren-Studie meiner Kollegen ist, dass nicht nur die Körpertemperatur, sondern auch der Energieverbrauch im Feld gemessen wird. Dazu wird als Standardmethode der Sauerstoffverbrauch quantifiziert. Diese Messung basiert auf der simplen Tatsache, dass alle Tiere zum Leben auf die Aufnahme von Sauerstoff und die Abgabe von Kohlenstoffdioxid angewiesen sind. Die verantwortlichen komplizierten biochemischen Vorgänge laufen in den Körperzellen ab. Das Blut ist für die Verteilung der Gase zuständig, während der Lunge die wichtige Funktion zukommt, den Sauerstoff bereitzustellen und Kohlenstoffdioxid abzutransportieren. Gemessen wird einfach der Gasstoffwechsel eines Tieres in der Atemluft mittels der *Respirometrie*. Das Tier wird in einen Behälter gesetzt, in dem es nach Belieben herumlaufen kann. Das Gefäß hat zwei Schlauchzugänge, durch die mithilfe von Pumpen Luft zu- und abgeführt wird, es herrscht stets ein normaler Luftdruck. Mit einer Sauerstoffelektrode wird der Sauerstoffgehalt an Ein- und Ausgang der Luftpassage gemessen; die Differenz entspricht dem Verbrauch des Tieres. Der Sauerstoffverbrauch wird pro Zeiteinheit angegeben (zum Beispiel Milliliter Sauerstoff pro Minute) und ist unser Maß für die Stoffwechselleistung.

Es ist eine faszinierend einfache Methode, für deren Durchführung jedoch spezielle Geräte benötigt werden. Und für die Interpretation der Daten ist ein solides tierphysiologisches Wissen erforderlich. Die Messung selbst läuft völlig nicht-invasiv ab, das Tier bekommt davon gar nichts mit. Das gleiche Prinzip wird für winzige Fruchtfliegen genauso genutzt wie für Elche. Je nach Tierart müssen nur das Design der Messbehälter und die Durchflussraten der Luft angepasst werden. Meist wird diese Methode in Laboren verwendet, doch meine Kollegin nutzt sie bei den Lemuren im Freiland. Die Fettschwanzmakis eignen sich hierfür ganz vorzüglich, denn sie bauen ihre Nester in kleinen Baumhöhlen, die als natürliche Messbehälter dienen und somit respiratorische Messungen unter Freilandbedingungen ermöglichen.

Der Sauerstoffverbrauch ist direkt abhängig von der aktuellen Umgebungstemperatur. Generell gilt für Säugetiere und Vögel, die nicht im Torpor sind: Je höher die Differenz zwischen Körpertemperatur und Umgebungstemperatur, desto mehr Wärme geht an die Umgebung verloren. Je mehr Wärme verloren geht, desto mehr Energie muss aufgebracht werden, um die hohe Körpertemperatur aufrechtzuerhalten. Wenn im Hypothalamus der Torpor-Startschuss fällt, wird infolge des herabgesetzten Temperatur-Sollwerts die innere Wärmeproduktion fast auf null gedrosselt; entsprechend sinken sowohl Sauerstoffverbrauch als auch Körpertemperatur in einer charakteristischen Kurve ab. Die torpide Körpertemperatur eines Tieres liegt etwa 1 °C über der Umgebungstemperatur. Diese Temperatur bestimmt direkt den Energieverbrauch während der Torporphase. Deshalb sind die Umweltbedingungen so entscheidend für den Energiebedarf und somit für das Überleben eines Tieres, besonders während des Winterschlafs.

Im Westen Madagaskars fällt die Minimaltemperatur auch in den kältesten Monaten Juni und Juli nur selten unter 10 °C. Bringt Torpor unter diesen Bedingungen denn überhaupt lohnenswerte Einsparungen? Um diese Frage zu beantworten, sind die Messungen des Energieverbrauchs der torpiden Lemuren entscheidend. Die Messgeräte plus Autobatterie werden in einer festen Metallkiste am Fuße eines Baums untergebracht, in dem eines der Untersuchungstiere haust. Ein Schlauch wird am Baum entlang bis ganz nach oben zur Baumhöhle des torpiden Tieres geführt. Baumlöcher eignen sich dann besonders gut für die Messungen, wenn sie klein sind und einen schmalen Eingang haben. Zusätzlich wurden sie bereits am Ende der Regenzeit für diese Untersuchung präpariert, heimlich, während die Bewohner auf Nahrungssuche waren: Mit einem Handbohrer wurde genau auf Höhe des Nests ein kleines Loch in die Baumrinde gebohrt, durch das der Schlauch perfekt hineinpasst. So kann nun die Atemluft nahe am Kopf des ruhenden Tieres entzogen werden, ohne dass es gestört wird.

Fast alle Fettschwanzmakis zeigen im Torporzustand große Schwankungen der Körpertemperatur innerhalb eines Tages, von etwa 10 °C am frühen Morgen bis 35 °C am späten Nachmittag. Letzteres sind nicht etwa Aufwärmphasen; genaue Aufzeichnungen der Nesttemperaturen verdeutlichen, dass die Körpertemperatur der Tiere völlig passiv mit der Umgebungstemperatur fluktuiert. Dieser torpide Zustand bei hohen Umgebungstemperaturen ist erstaunlich und wurde inzwischen auch für Arten gefunden, die Tagestorpor nutzen, beispielsweise bei der Gold-Stachelmaus *(Acomys russatus)* oder der Bulldogfledermaus *(Mormopterus)*. Die Stoffwechselmessungen zeigen zusätzlich, dass die Lemuren während dieser Schwankungen keinen für die Aufwärmphasen charakteristischen Anstieg im Sauerstoffverbrauch zeigen (abgesehen vom Temperatureffekt). Diese gefundenen Muster unterscheiden sich stark von den Winterschläfern der Nordhalbkugel, die dank gut isolierter Höhlen oder Bauten während der Torporphasen nur sehr geringe Temperaturschwankungen erfahren.

Eiszeitliche Korridore

Gemessen an der Landfläche ist die Artenvielfalt Madagaskars groß. Dazu kommen viele Arten lediglich auf einer sehr kleinen Fläche vor. Mikro-Endemismus wird das genannt: Die Arten sind nicht nur auf Madagaskar beschränkt, sondern auch auf einen sehr kleinen Raum begrenzt. Es gibt etwa 100 Lemuren-Arten auf Madagaskar, wobei diese Zahl umstritten ist und sich ständig ändert. Das liegt daran, dass aufgrund neuer genetischer Methoden ständig neue Arten bestimmt werden. Die kleinsten Primaten der Welt, die Mausmakis *(Microcebus)*, waren beispielsweise bis vor knapp 20 Jahren nur als zwei Arten beschrieben. Eine Studie aus dem Jahr 2000 teilte die Tiere dann in sieben verschiedene Arten ein! Das klingt nach einem ziemlichen Durcheinander in der Taxonomie (= systematische Einordnung der Lebewesen), ist jedoch lediglich das Resultat moderner Bestimmungsmethoden. Ursprünglich hat man Tiere vor allem basierend auf Körperbau und den äußeren Charakteristiken einer Art beschrieben. Diese sogenannten morphologischen Merkmale waren maßgebend. Doch erst ein Blick in die Welt der Gene verrät, ob es sich bei sehr ähnlich aussehenden Tieren aus zwei verschiedenen Gebieten tatsächlich um ein und dieselbe Art handelt, oder ob durch räumliche Isolierung evolutiv daraus mehrere Arten entstanden sind. Gerade bei dieser Speziation könnten die geologischen Formationen Madagaskars eine entscheidende Rolle gespielt haben. Breite Flüsse, die sich von der Hochebene bis zum Meer ergießen, bilden Barrieren für alle nichtfliegenden Tierarten. Sobald evolutiv eine landschaftliche Barriere gebildet wird, können im Anschluss über Jahrtausende neue Arten entstehen.

Entsprechend sind Überlegungen zur Artenbildung und zum Mikro-Endemismus auch für uns Torporforscher interessant. Denn im Zuge der Speziation entwickeln sich nicht nur morphologische, sondern auch dem Lebensraum angepasste physiologische Merkmale. Die Lemuren Madagaskars zeigen in klimatisch ähnlichen Gebieten stark unterschiedliche Ausprägungen der Torpormuster. Während einige Arten monatelangen Winterschlaf halten, nutzen andere Torpor nur für wenige Stunden am Tag. Die verschiedenen Torpormuster bei eng verwandten Lemurenarten sind erstaunlich und bisher ungeklärt.

Könnte es nicht sein, dass diese Muster Relikte der Vergangenheit sind? Die starken klimatischen und topografischen Veränderungen, denen Madagaskar evolutiv ausgesetzt war, bedeuten Verschiebungen ganzer Ökosysteme. Die tierischen Bewohner werden in neue Gegenden getrieben, die mit Herausforderungen wie Kälte, Dürre oder neuen Nahrungsressourcen aufwarten. Ihre Ausweichmöglichkeiten werden durch die oben beschriebenen Flussläufe begrenzt, die Korridore in der Landschaft bilden. Auf die neuen Umweltbedingungen müssen die Tiere mit Anpassungen reagieren, um die Weitergabe ihrer Gene zu sichern. Stellen wir uns nun eine Gruppe von Lemuren vor, die im Zuge der Eiszeit entlang eines Flusslaufs in hohe Höhenlagen gedrängt wird. Die dort vorherrschenden niedrigen Temperaturen und lang andauernden Nahrungsengpässe lassen sich nur durch wochenlangen Torporzustand überleben. Dieses Merkmal wird folglich evolutiv gefördert und die Fähigkeit zum Winterschlaf setzt sich langsam durch. Nun stellen wir uns eine weitere Gruppe von Lemuren vor, die in der gleichen

Zeit in einem anderen Flusseinzugsgebiet nicht so weit nach oben vertrieben wird, sondern in milderen Gefilden bleiben kann. Diese Gruppe muss nur kurzzeitige Nahrungs- und Wasserengpässe tolerieren und kommt mit kurzen Torporphasen aus. Tagestorpor entwickelt sich hier als dominierendes Merkmal, der evolutive Druck für Winterschlaf fehlt. Mit wechselnden klimatischen Verhältnissen wandern beide Gruppen über die Jahrtausende zwar wieder in mildere Klimazonen, behalten jedoch ihre Torpormuster bei. Anhand dieser Theorie, die meine Kollegin und ich im Jahr 2016 veröffentlicht haben, versuchen wir heutige Torpormuster aufgrund evolutiver Vorgänge zu erklären. Auch wenn Beweise für diese Theorie fehlen, weist sie doch auf die Notwendigkeit hin, den evolutiven Rahmen zu berücksichtigen, wenn die Anpassung einer Art an ihren Lebensraum analysiert wird. Zu oft ist der Fokus auf aktuelle Umweltbedingungen gerichtet, die physiologischen und morphologischen Anpassungen einer Art werden nur an derzeitigen Konditionen gemessen. Die Vergangenheit wird dabei vernachlässigt, obwohl es sich bei den meisten Anpassungen um langsam verlaufende Prozesse handelt.

Bisher war nur von Lemuren die Rede, doch es gibt auch andere Primaten, die Torpor nutzen. Von zwei Arten weiß man bisher. Zwergloris *(Nycticebus pygmaeus)* in Vietnam zeigen Torporphasen von über 60 Stunden Dauer! Dieses überraschende Ergebnis einer Freilandstudie wurde im Jahr 2015 von Kollegen aus Wien veröffentlicht. Damit sind Loris die ersten Primaten außerhalb Madagaskars, für die mehrere Tage andauernde Torporphasen nachgewiesen werden konnten. Galagos (*Galago maholi*, auch Bushbabies genannt) in Südafrika nutzen Tagestorpor. Allerdings nur als absolute Notlösung, wenn die Nahrungsvorkommen sehr gering sind. Diese Daten für Loris und Galagos verdeutlichen, dass wir noch immer ganz am Anfang stehen mit unserem Wissen über die Verbreitung von Torpor. Die verwandtschaftliche Nähe zu uns Menschen verleiht Freilandstudien über Torpor bei Primatenarten ihre besondere Attraktivität.

TEIL II

—

AUFWACHEN

Kapitel 5

—

Dornröschen im Stachelkleid

Katerstimmung

Nasskalt und grau, Hamburg im Januar ist kein Ponyhof. Verfroren steige ich vom Fahrrad und packe Antenne und Empfänger aus. Erst die Position und Temperatur aller Igel ermitteln, anschließend die Daten von den Messstationen herunterladen, dann schnell weiter zur Uni – so weit mein Plan. Die Igel sind alle noch in ihren Nestern, im tiefen Torpor. Als ich hinter den Rhododendronbusch klettere, wo ich die erste Station versteckt habe, sehe ich gleich, dass etwas nicht stimmt. Die schützende Regenhülle ist von der Ausrüstung abgezogen. Kabelenden liegen im Matsch, die Autobatterie ist weg. Da war wohl das Fahrradschloss nicht stark genug. Zum Glück ist die teure Empfängerstation noch da und ich finde eine Ersatzbatterie im Rucksack, die ich zumindest vorläufig anschließen kann. Als ich die Datenaufnahme wieder starten will, kann das Messgerät kein einziges Sendersignal empfangen. Nicht ein Tier soll in Reichweite sein? Zur Überprüfung hole ich meinen Empfänger aus dem Rucksack, doch als ich das Antennenkabel anschließen will, fällt es mir entgegen. Ungläubig schaue ich nach oben: Die Antenne ist ebenso verschwunden wie die Autobatterie. So geht mindestens ein weiterer halber Tag an Daten flöten. Ich packe meine Sachen und bahne mir einen Weg durch das dichte Gestrüpp. Fast bei meinem Fahrrad angekommen, sehe ich einen kleinen Igel tot im Gebüsch liegen. Vor seinem Maul eine Lache getrocknetes Blut. Ganz klar: Rattengift. Leider sind Rattenfallen nicht igelsicher konzipiert und angebracht, das kostet viele Igel und andere Wildtiere das Leben. Durchgefroren verfluche ich innerlich die Arbeit in der Großstadt. Urbane Wildtierforschung ist zwar interessant, aber eben oft auch extrem frustrierend.

Am Zoologischen Institut angekommen schaue ich mir bei einer wärmenden Tasse Tee die Daten an. Es ist schlimmer als befürchtet. Bereits vor fünf Tagen wurde meine Ausrüstung geklaut, seitdem wurde kein einziger Datenpunkt mehr aufgenommen. Warum ist der Datenverlust so schlimm? Durch ein Datenloch von mehreren Tagen verpasse ich eventuelle Aufwärmphasen, die jeweils etwa 20 Stunden andauern. Aufgrund der hohen Aufheizkosten spielt die Frequenz der periodischen Aufwärmphasen eine große Rolle für die Energiebilanz der Igel über den Winter. Und gerade daran bin ich besonders interessiert.

Es ist das wohl häufigste Wort dieses Buches: Energie. Nicht ohne Grund, denn Energie ist die Währung alles Lebens. Pflanzenfressende Tiere *(Primärkonsumenten)* stehen am Anfang der tierischen Nahrungskette, sie nehmen in Form von Molekülen gespeicherte Energie mit der Nahrung auf. Darauf folgen Insektenfresser und Raubtiere. Nun wird Energie aber nie neu gebildet, sondern immer nur umgewandelt – woher stammt dann die Energie ursprünglich, die das gesamte Tierreich und alles Leben auf Erden am Laufen hält? Die *Primärproduzenten* (vor allem grüne Pflanzen) brauchen zum Leben keine anderen Organismen, sondern sind als Einzige in der Lage, organische Moleküle zu produzieren. Allerdings brauchen auch sie dazu eine Energiequelle: die Sonne.

Im faszinierenden Prozess der Photosynthese fangen Pflanzen elektromagnetische Energie durch Pigmente ein, wandeln diese durch Elektronenübertragung in chemische Energie um und befeuern damit den Aufbau organischer Verbindungen. Der komplizierte Vorgang findet in den sogenannten Chloroplasten statt. Vereinfacht gesagt, nutzen sie die Sonnenstrahlung, um aus Kohlenstoffdioxid und Wasser Kohlenhydrate (= Zucker) zu erzeugen. Das grenzt an Zauberei! Sie können dementsprechend anorganische Stoffe in organisches Material umwandeln. Folglich werden sie Primärproduzenten genannt – alle Lebewesen sind direkt oder indirekt von der Photosynthese abhängig (außer einigen Bakterien, die selbst Photosynthese betreiben können). Die in Pflanzen gespeicherte Energie wird von Tieren durch die Nahrung aufgenommen und so in die tierische Nahrungskette eingeschleust.

Darüber hinaus wird bei der Photosynthese neben den energiereichen Verbindungen auch Sauerstoff produziert, den alle tierischen Lebewesen zum Überleben brauchen. Ohne die Photosynthese gäbe es kein tierisches Leben auf der Erde. Die zugrunde liegenden biochemischen Prozesse sind äußerst spannend – fast wäre ich selbst in der pflanzenphysiologischen Forschung gelandet. Doch letztendlich war das tierphysiologische Freilandprojekt in Australien verlockender. Und anschließend gab es kein Zurück mehr, die Kleinsäuger mit ihren faszinierenden Überlebensstrategien hatten mich in ihren Bann gezogen. So verbringe ich mal wieder einen kalten Winter mit Feldarbeit, anstatt irgendwo in einem geheizten Labor gemütlich einen Tee zu trinken.

Gefährliche Großstadt

Es ist Anfang Februar. Ich erhalte morgens den Anruf einer Studentin, die mit mir die winterschlafenden Igel untersucht. Sie kann einen der Igel einfach nicht finden. Seit vier Monaten befand er sich im tiefen Winterschlaf – und nun soll er plötzlich aus seinem Nest verschwunden sein? Ich sage das heutige Seminar an der Uni ab und schnappe mir stattdessen meine Radio-Tracking-Ausrüstung. Am Park treffe ich mich mit der Studentin, und wir teilen uns die Gebiete südlich und nördlich des Parks für die Suche auf. Eine gefühlte Ewigkeit laufe ich mit meiner Antenne im Regen umher. Aus den vorbeifahrenden Autos werfen mir Leute halb fragende, halb mitleidige Blicke zu.

Mein Handy klingelt, ich hoffe auf eine gute Nachricht der Studentin. Und tatsächlich, sie hat das Signal gefunden. Ich schwinge mich auf mein Fahrrad, radele die vierspurige Hauptstraße entlang und sehe meine Forscherkollegin direkt vor einer riesigen Baustelle stehen. Sie hat inzwischen das Nest gefunden und macht gerade eine Messung der Hauttemperatur – wie vermutet, ist der Igel schon wieder im Torpor. Wirklich ein merkwürdiger Platz für einen gemütlichen Winterschlaf: unter einem Baucontainer auf einer Großbaustelle! Im vergangenen Sommer hatte ein anderer Igel an ganz ähnlicher Stelle für einige Tage sein Nest aufgeschlagen.

Sind Großstadttiere wie der Igel tatsächlich so anspruchslos oder haben sie schlicht keine andere Wahl? Ein Kollege und Experte der Stadtökologie spricht in diesem Zusammenhang von der «Stadt als ökologischer Falle». Sie mag Tiere erst anlocken mit hohem Nahrungsaufkommen, wärmerem Mikroklima und struktureller Vielfalt. Letztendlich sind die Tiere hier jedoch oft mangelernährt und durch hohe Populationsdichten werden Krankheiten und Parasiten schnell übertragen, zumal an Futterstellen. Meisen sind beispielsweise in der Stadt kleiner und bringen weniger Jungtiere durch. Fälschlicherweise wird oft angenommen, dass «es ihnen hier so gut geht, dass sie den Winter bei uns verbringen». Tatsächlich sind die Meisen, die wir im Winter in unseren Gärten sehen, Zugvögel aus Skandinavien. Die Vor- und Nachteile des Stadtlebens sind schwer abzuwiegen, auch die Fütterung von Wildtieren wird kontrovers diskutiert. Zu bedenken ist stets, dass ihre bloße Anwesenheit in unserer Nachbarschaft nicht notgedrungen belegt, dass sie hier langfristig gesunde Populationen erhalten können. Wie gut geht es dem Igel tatsächlich im Großstadtdschungel?

Während die Studentin die Messungen vornimmt, hole ich eine Messstation, um sie in der Nähe des neuen Nests zu platzieren. Allerdings habe ich hier wenig Hoffnung auf eine gute Datenaufnahme, denn der Funkbetrieb auf Baustellen verursacht oft starke Interferenzen mit unserem Empfänger, zudem ist das Nest von Metallzäunen umgeben, die das Signal stören können. Einen Versuch ist es dennoch wert. Bevor es wieder zur Uni geht, möchte ich noch einer Frage nachgehen: Gab es möglicherweise einen unnatürlichen Auslöser für den Nestwechsel? Um das herauszufinden, fahre ich zurück zu dem Garten, in dem der Igel die vergangenen Monate gehaust hatte. Ich schaue über den Zaun und mein Verdacht bestätigt sich: In der Mitte des Gartens liegt ein großer Laubhaufen. Frisch zusammengeharkt. Unter den Büschen ringsherum ist der Boden aufgeräumt, unnatürlich nackt und schwarz leuchtend. Die Gartenbesitzer müssen das Wochenende zum Aufräumen genutzt haben. Unser Igel hatte Glück, nur sein Nest und nicht sein Leben verloren zu haben. Oft erleiden Tiere dabei schlimme Verletzungen und irren ohne Nest schutzlos bei kalten Temperaturen umher.

Verletzungen und Nestzerstörung im Rahmen von Gartenarbeiten sind ein Hauptproblem für Igel im städtischen Lebensraum. Ich habe mit einer lokalen Igelschutzstation zusammengearbeitet, die dank des großen Einsatzes von Freiwilligen jedes Jahr bis zu 400 Igel aufnimmt. Für jedes Tier wird notiert, woher es kommt, welche Krankheit oder Verletzung es hat, wie es behandelt und wann es wieder ausgesetzt wurde. Zu dieser Datenbank haben wir Zugang bekommen: zehn Jahre Igeldaten für über 3000 Igel. Eine fleißige Studentin hat die handgeschriebenen Notizen in Excel-Tabellen verwandelt und ausgewertet. Nestzerstörung, Gartengeräte, Rasenmäher, Mähroboter, Rattengift, Hundebisse (schon ein kleiner Biss verursacht schlimme Entzündungen), Zäune, Kellerschächte, Netze für Beerensträucher oder Fußballtore, Tüten – die Liste der Gefahren für Igel in der Großstadt ist lang. Dazu kommen vereinzelt Folgen direkter menschlicher Aggression wie Schussverletzungen, Messerstiche oder Missbrauch als Fußball. Da sich die Daten auf Tiere beschränken, die lebend zur Pflege abgegeben werden, ist der Anteil von Verletzungen durch Autos in diesem Fall sehr gering. In der Regel aber endet ein solches Zusammentreffen mit einem plattgefahrenen Tier.

Die Gefahr durch den Autoverkehr wird durch Studien belegt, die die Todesursache von Igelkadavern untersuchen. Igel rollen sich bei Gefahr zusammen, das ist ihre Strategie. Bei natürlichen Feinden wirkt dies ganz hervorragend, denn die meisten Raubtiere werden von dem piksenden Stachelball abgeschreckt. Beim Auto dagegen ist diese Strategie hoffnungslos ineffektiv. Über 100 000 Igel werden Schätzungen zufolge allein in den Niederlanden jedes Jahr überfahren. Eine finnische Studie zeigte, dass 75 Prozent von über 250 Igeltodesfällen durch menschliches Handeln verursacht waren.

Davon gingen 97 Prozent auf Autos zurück. Pro 1000 Kilometer Straßenlänge wurden dort knapp sieben tote Igel gefunden, sie führten damit die Kleinsäuger-Liste an. Die Geschwindigkeitsbegrenzung hatte dabei übrigens keinen Einfluss – es ist also für einen Igel genauso wahrscheinlich, in einer Tempo-30-Zone überfahren zu werden wie auf einer Landstraße (allerdings hat der Fahrer bei geringerer Geschwindigkeit bessere Chancen des Ausweichens). Die natürlichen Todesursachen waren jeweils etwa zur Hälfte Verhungern oder pathologische Befunde.

Parasiten lieben Igel! Die außen am Körper sitzenden Vertreter (= Ektoparasiten) sind in der Stadt nicht zu übersehen – ich habe in Hamburg keinen einzigen Igel gesehen, der nicht zumindest einige Zecken oder Flöhe aufzuweisen hatte. Der Igel ist häufiger Wirt für Zecken, die Zecken wiederum sind oftmals ein Vektor für einen infektiösen Krankheitserreger. Ein Vektor transportiert Erreger wie Viren oder Bakterien von einem Wirtstier zum nächsten, ohne selbst zu erkranken. Eine niederländische Studie über Stadtigel zeigte, dass Igel-Zecken unter anderem verschiedene Vertreter von Borreliose-Erregern tragen können. Auch Flöhe dienen als Vektor; der häufigste Floh der urbanen Igel in Deutschland heißt *Archeaopsylla erinacei*. Im Igelkot lassen sich Parasiten im Körperinneren (= Endoparasiten) nachweisen, etwa Salmonellen bei Stadtigeln.

Insgesamt ist der Igel ein Wirtstier für eine Vielzahl von Krankheitserregern – ob davon allerdings eine Gefahr für Menschen oder Haustiere ausgeht, ist ungewiss. Ich habe bisher von keinem Igelforscher gehört, der an einer igelübertragenen Krankheit erkrankt wäre. Wie bei allen Wildtieren sollte man auch die Gesellschaft der Igel in unseren Gärten und Parks jedoch stets passiv genießen. Auch das Gesetz sieht das so: Die Bundesartenschutzverordnung stuft den Igel als besonders geschütztes Tier ein. Es gilt ein *Besitz- und Zugriffsverbot*, das, ähnlich auch für Biene, Eichhörnchen, Fledermaus & Co, mit einem Bußgeld von bis zu 50 000 Euro für das *Fangen, Verletzen, Töten von Igeln sowie für die Beschädigung oder Zerstörung der Fortpflanzungs- oder Ruhestätten* droht. Die einzigen Ausnahmen sind Hilfe für ein verletztes/verwaistes Tier oder eine wissenschaftliche Genehmigung!

Papierkram

Für jede Arbeit mit einem Tier muss von den verantwortlichen Wissenschaftlern ein Tierversuchsantrag gestellt werden. Dabei ist es egal, ob es sich um die einmalige Beringung eines Vogels im Freiland handelt oder um die tägliche Blutabnahme bei einem Kaninchen für die Antikörpergewinnung im Rahmen eines medizinischen Forschungsprojekts. Der äußerst aufwendige und umfangreiche Antrag wird von speziellen Ethikkommissionen kritisch begutachtet. Genehmigungen werden nur erteilt, wenn das sogenannte *3R-Prinzip* gewissenhaft befolgt wurde. Die drei R stehen im Englischen für *Replace, Reduce, Refine* (Vermeiden, Verringern, Verbessern). Für jede Studie muss nachgewiesen werden, dass 1) sich der Einsatz von Tieren in dem speziellen Versuch nicht vermeiden lässt, etwa durch Zellkulturen oder Computersimulationen; 2) die Anzahl der Tiere auf die Mindestanzahl verringert ist, bei der noch eine statistische Aussage möglich ist; und 3) die Belastung für die Tiere durch verbesserte Methoden minimiert wird.

Die Forschung wird oft kritisiert für den Einsatz von Versuchstieren, und ich möchte dieses kontroverse Thema hier nicht weiter vertiefen. Nur kurz die Fakten: Im Jahr 2015 wurden in Deutschland 2,8 Millionen Tiere für Versuche eingesetzt, von denen 770 000 getötet wurden. Als Tierfreundin sehe ich in der Vermeidung des Einsatzes von Tieren für die Forschung höchste Priorität. Es sollte jedoch im Auge behalten werden, dass in Deutschland im gleichen Zeitraum über 778 Millionen Tiere für den Konsum von Menschen (und Haustieren) geschlachtet wurden, davon stammten unter 4 Prozent aus ökologischer Erzeugung. In dieser Zahl sind Fische und andere Meerestiere nicht inbegriffen. Getötete Versuchstiere machen demnach jährlich etwa 0,1 Prozent aller in Deutschland getöteten Tiere aus – und die Haltungsbedingungen und Tötungsprotokolle werden im Labor viel strenger kontrolliert und umgesetzt als in der Landwirtschaft und Lebensmittelindustrie.

Zusätzlich zur Tierversuchsgenehmigung benötige ich spezielle Genehmigungen, um mit Wildtieren arbeiten zu dürfen und um öffentliche Räume für meine Forschungszwecke zu betreten. Ein halbes Jahr vergeht mindestens, bevor man alle nötigen Anträge geschrieben und genehmigt bekommen hat – die Forschung verläuft dementsprechend alles andere als spontan. Die notwendigen Unterlagen trage ich stets bei mir, wenn ich auf öffentlichem Gelände unterwegs bin oder, wie jetzt, über einen Gartenzaun spähe. In diesem Garten wurde also «aufgeräumt», mit fatalen Folgen für das Igelnest. Zum Glück konnte unser Igel ein neues Nest finden, in dem er nun seinen Winterschlaf fortsetzen kann. Erlebnisse wie diese verdeutlichen immer wieder, wie verletzbar Wildtiere in unserer Nähe sind. Für die Mehrheit der Tierarten bleibt die Großstadt abschreckend oder unbewohnbar. Weltweit geht die zunehmende Urbanisierung mit einer Abnahme der Artenvielfalt einher. Anpassungskünstler und Generalisten in der Nahrungswahl sind zwischen den Häuserschluchten im Vorteil. Der Igel gehört zu diesen Ausnahmen, zu den flexiblen Arten, die in der Großstadt gut zurechtkommen – dennoch sind auch sie auf unsere Rücksichtnahme angewiesen.

Dachse auf Achse

Eine Studie aus dem Jahr 2011 zeigte für Gebiete in Frankreich, dass dort die Populationsdichte von Igeln in den Städten neunmal höher ist als auf dem Land! So schlecht kann es ihnen in den Städten dann doch nicht gehen – oder ist es auf dem Lande nur noch schlimmer? Selbst wenn wir es uns gerne romantisch ausmalen, auch das Landleben steckt voller Tücken für einen kleinen Igel. Neben der veränderten Landschaftsnutzung (Monokulturen, Verschwinden von Hecken, grünen Korridoren und Insektennahrung) hat er dort zwei natürliche Feinde zu fürchten: Dachs *(Meles meles)* und Uhu *(Bubo bubo)*. Nur diese beiden Tiere sind kräftig genug, um einen vollständig zusammengerollten Igel auseinanderzuziehen und die unbestachelte Schwachstelle Bauch zu attackieren. Ich sage «nur», aber gerade der Dachs macht dem Igel ordentlich zu schaffen.

Die im natürlichen Lebensraum rückläufige Igeldichte wird in

Meister des Zusammenrollens: der Europäische Igel (Erinaceus europaeus) *– nur Dachs und Uhu können ihm in diesem Zustand gefährlich werden. Die Farbmarkierungen dienen der individuellen Identifizierung der Tiere.*

Großbritannien und den Niederlanden vor allem dem Dachs zugeschrieben. Verschiedene Studien konnten mithilfe von Radio-Tracking feststellen, dass zwischen den beiden Arten ein negativer Zusammenhang herrscht: Die Zahl der Igel geht mit zunehmendem Dachsvorkommen signifikant zurück. Der für den Igel positive Effekt von Hecken im landwirtschaftlichen Raum hat zum Teil auch mit dem verbesserten Schutz vor Dachs-Attacken zu tun. Eine Studie aus Irland dagegen zeigte im Jahr 2012, dass die Nahrungsverfügbarkeit für Igel wichtiger ist als die Anwesenheit von Dachsen. Igel sind so schlau, dass sie die Stellen mit dem höchsten Insektenvorkommen ausfindig machen. Auch können sie Dachse an ihrem Kotgeruch erkennen und dementsprechend Gegenden mit hohem Dachsvorkommen meiden. Eine Laborstudie aus dem Jahr 1996 machte dazu einen interessanten Versuch: Wildgefangene Igel wurden in einer Stoffwechselanlage dem Geruch von Dachsen (Prädator, Räuber) und von Rehen (Nicht-Prädator) ausgesetzt. Der Duft der Dachse erhöhte den Sauerstoffverbrauch, erzeugte also eine Stressreaktion. Interessanterweise ging diese Reaktion nach zwei Jahren in Gefangenschaft verloren. Die längerfristige Haltung in einem Gehege hat demnach negative Auswirkungen auf die Prädatoren-Vermeidung.

Der Dachs als Vertreter der Ordnung Carnivora (Raubtiere) ist auch ein Mitglied der «Torpor-Familie». Er senkt seine Körpertemperatur dabei auf minimal 28 °C ab. Für den ebenfalls zu den *Hundeartigen* gehörenden Streifenskunk (*Mephitis mephitis*, «Stinktier») konnte im Jahr 2007 gezeigt werden, dass Tiere in Einzelhaltung öfter in Torpor gehen als Tiere in Gruppenhaltung. Die durchschnittliche Dauer der Torporphasen unterschied sich nicht signifikant zwischen den Gruppen (7,8 versus 5,4 Stunden). Die maximale Torpordauer lag bei 20 Stunden, die minimale Körpertemperatur bei 26 °C.

Auf dem Land Monokulturen, fehlende Hecken, Insektizide und hungrige Dachse; in der Stadt Autos, Fehlernährung und gefährdete Nestplätze. Und dies sind nur einige der Gefahrenquellen. Der Igel hat es nicht leicht. Tatsache ist, dass der Igel in der Stadt mit viel weniger Fläche auskommt. Die Fläche, die ein Tier in seinem alltäglichen Leben durchstreift, wird *Home Range* oder Aktionsraum genannt. Im Jahr 1943 wurde die Home Range definiert als der Bereich, den ein Tier bei seinen Streifzügen auf der Suche nach Nahrung, Partnern und Nestern abdeckt. (Das Revier ist der Teil der Home Range, der vom Tier aktiv verteidigt wird.) Zur Bestimmung der Home Range folgt man dem Tier mittels eines Senders und bestimmt je nach Fragestellung eine bestimmte Anzahl von Standorten in der Ruhephase und/oder während der Aktivitätszeit. Wenn sowohl Tierart als auch Projektbudget groß genug sind, kann man auch GPS-Geräte am Tier befestigen, die über Satellit durchgehend die Standorte aufzeichnen. Es gibt verschiedene Methoden, um von diesen Standort-Datenpunkten zu einer Flächenangabe zu gelangen. Die zwei am häufigsten verwendeten Methoden sind *100 % Minimum Convex Polygon* und *95 % Kernel Home Range*. Erstere zeichnet gewissermaßen ein Polygon (Vieleck) um die äußersten aller gesammelten Standpunkte und bestimmt dessen Fläche, es bezieht also 100 Prozent der Datenpunkte mit ein. Die zweite Methode ist konservativer und berechnet die Fläche, in der die Wahrscheinlichkeit, das Tier wieder anzutreffen, 95 Prozent oder höher ist. Entsprechend ist die Fläche nach der zweiten Methode berechnet stets kleiner.

Beispielsweise ist die Home Range von männlichen Igeln im ländlichen Dänemark je nach Methode 96 oder 74 Hektar groß. Und es gibt einen großen geschlechtsspezifischen Unterschied, denn für Weibchen beträgt sie lediglich 26 (beziehungsweise 17) Hektar. Im Durchschnitt legen die dänischen männlichen Land-Igel pro Nacht über zwei Kilometer zurück, die maximale Distanz liegt sogar bei über drei Kilometern in einer Nacht – nicht schlecht für einen kleinen Igel!

Fette Zeiten

Derzeit ist die Home Range meiner Schützlinge sehr überschaubar. Maximal drei Nester nutzen Igel während des Winterschlafs und tauschen dabei die Nester gerne auch gegenseitig. Dabei bleibt jeder Igel allerdings für sich; das Teilen von Nestern, wie wir es von vielen anderen Winterschläfern kennen, ist noch nicht beobachtet worden. Den Winter muss jeder Igel alleine überstehen. Vor allem Jungtieren wird das oft zum Verhängnis und sie sterben aufgrund frühzeitig aufgebrauchter Fettreserven. Über 20 Prozent seines Körpergewichts verliert ein Igel während der Winterschlafsaison. Dementsprechend ist ein Minimalgewicht zu Beginn des Winters Voraussetzung für das Überleben. Wenn Igel das mütterliche Nest im Spätsommer verlassen, wiegen sie etwa 250 Gramm. Dann müssen sie sich schnell viel Fett anfressen, um rechtzeitig zum Beginn der Winterschlafsaison dick und rund zu sein. Für späte Würfe im Herbst kann es da eng werden. Die Angaben zu einem kritischen Minimalgewicht zum Überleben des Winters variieren stark. Von Igeln aus Großbritannien wurden Werte zwischen 450 und

650 Gramm berichtet. Eine Studie aus Dänemark fand ein kritisches Minimalgewicht von 513 Gramm, in Neuseeland wurden 300 Gramm genannt und in Irland überlebten Jungtiere sogar mit einem Vor-Winterschlaf-Gewicht von 275 Gramm. Wie man sieht, gibt es je nach Umgebung und lokalen Bedingungen eine große Spanne und ein einheitlicher Schwellenwert ist schwierig zu bestimmen.

Die schlechte Körperisolierung von Igeln gibt ihnen eine Sonderstellung unter den Winterschläfern. Zwischen den Stacheln sind keine Haare zu finden, über diese Fläche geht dementsprechend viel Wärme verloren. Die Behaarung ist auf Beine, Brust, Kehle und Bauch beschränkt, und gerade am Bauch ist sie sehr spärlich. Der Igel hat folglich einen hohen Wärmeaustausch, viel Wärme wird an die Umgebung abgegeben. Die schlechte Isolierung bedeutet, dass ein ausreichender Fettvorrat beim Igel noch mehr als bei anderen Winterschläfern über Leben und Tod entscheidet. Doch ist Fett gleich Fett?

Tiere haben zur Energieversorgung generell zwei organische Verbindungen zur Auswahl: Fette oder Kohlenhydrate (= Zucker). Für eine schnelle Energiezufuhr eignen sich Kohlenhydrate besser. Fett dagegen ist vorteilhaft für die Speicherung von Energie, da es im Vergleich zu Kohlenhydraten leichter und energiereicher ist. (Die Verbrennungswärme beträgt 39 versus 17 Kilojoule pro Gramm.) Pro Gramm Körpergewicht eines Tieres kann Fett neunmal mehr Energie speichern als Zucker!

Im Winterschlaf wird fast ausschließlich Fett verbrannt, oder genauer gesagt oxidiert, um Energie bereitzustellen. Fette gehören zu den *Lipiden* und diese sind für den tierischen Körper nicht nur als Energielieferanten, sondern auch als Bausteine der Zellmembranen unentbehrlich. Aufgebaut sind Lipide aus sogenannter *aktivierter Essigsäure* und viele von ihnen enthalten langkettige Fettsäuren (= lange Ketten von Kohlenstoffatomen). Diese Fettsäuren können entweder *gesättigt* oder *ungesättigt* sein. Das bezieht sich auf die chemische Struktur der Verbindungen zwischen den einzelnen Atomen: Einfache Verbindungen finden wir in gesättigten Fettsäuren, während Doppelbindungen zwischen zwei Kohlenstoffatomen ungesättigte Fettsäuren charakterisieren. Ohne zu sehr in die

Biochemie einzusteigen, lässt sich sagen, dass für die Energiegewinnung die langen Fettsäurenketten in kleine Teile zerlegt werden müssen. Diese Bruchstücke werden dann in einem weiteren Stoffwechselvorgang, dem *Citratcyclus*, zu Kohlenstoffdioxid oxidiert und hierbei wird Energie freigesetzt. Man nennt den gesamten Vorgang ß-Oxidation der Fettsäuren; er findet in den schon erwähnten Mitochondrien statt, den Kraftwerken unserer Zellen.

Die mehrfach ungesättigten Fettsäuren sind für den Körper sehr wichtig. Sie können jedoch nicht selbst gebildet, sondern müssen über die Nahrung aufgenommen werden (Fischöl hat einen besonders hohen Gehalt). Beim Menschen sind sie unter anderem für ihre positiven Auswirkungen auf die Herzfunktion bekannt. Auch für die Entwicklung von Fötus und Säugling spielen sie eine zentrale Rolle und müssen über die mütterliche Nahrung zugeführt werden.

Doch was hat das nun mit dem Winterschlaf zu tun? Sehr viel, denn ungesättigte Fettsäuren sind entscheidend, um die Funktion von Zellen bei niedrigen Temperaturen aufrechtzuerhalten. Sie erhöhen die Liquidität der Zellmembranen, was für den Stoffaustausch unerlässlich ist. Das Verhältnis von gesättigten zu ungesättigten Fettsäuren ändert sich im tierischen Gewebe in Abhängigkeit von der Umgebungstemperatur. Interessanterweise beeinflussen Tiere die Zusammensetzung der Fettsäuren in ihrer Nahrung auch aktiv, wenn sie die Möglichkeit dazu haben: Unter Laborbedingungen erhöht eine abnehmende Umgebungstemperatur die Präferenz für Nahrung, die reich an ungesättigten Fettsäuren ist, wie zum Beispiel für Hamster gezeigt werden konnte. Es geht aber noch weiter: Die Art der Fettsäuren, die Tiere gefüttert bekommen, hat Einfluss auf ihre Torpormuster! Nahrung, die reich an ungesättigten Fettsäuren ist, verleitet Tiere öfter dazu, in den Torporzustand zu gehen, längere Torporphasen zu zeigen und dabei eine niedrigere Körpertemperatur zu erreichen. Dieser Einfluss konnte sowohl für Winterschlaf als auch für Tagestorpor nachgewiesen werden.

Wie genau dieser Einfluss auf den Torporzustand zustande kommt, welche Wirkungsweisen im Detail involviert sind, ist noch unbekannt. Es wird vermutet, dass die mehrfach ungesättigten Fettsäuren entscheidend sind, um die Herztätigkeit bei niedrigen

Temperaturen zu gewährleisten. Unsere Igel müssen also ihre Fettspeicher voll mit ungesättigten Fettsäuren haben, damit ihr Herz auch bei niedrigen torpiden Körpertemperaturen verlässlich schlägt und sie es dank tiefer und langer Torporphasen gut durch den Winter schaffen!

Die Sonne lockt – nicht alle

Es ist Mitte März, der erste milde und wolkenlose Sonntag des Jahres lockt Hunderte von sonnenhungrigen Menschen ans Elbufer. Vor uns herrscht ein wahnsinniges Gewimmel von fröhlichen Kindern, bellenden Hunden, schwatzenden Eltern, schwitzenden Joggern, verliebten Pärchen, geselligen Gruppen von Jugendlichen – Hamburger und Touristen gleichermaßen. Die Menschenmassen drängen sich auf der Promenade entlang der alten Kapitänshäuser, suchen sich am Elbstrand ein Plätzchen, um Sandburgen zu bauen, gönnen sich ein Fischbrötchen in einem der Restaurants am Wasser oder warten mit ihren Fahrrädern auf die nächste Fähre, um im *Alten Land* den Frühling zu begrüßen. Ein lautes Schiffshorn verkündet die Abfahrt eines Kreuzfahrtschiffes und im Hafen gegenüber wird ein riesiges Containerschiff mit unzähligen bunten Containern beladen, die an Legosteine erinnern.

Ich bahne mir mit Antenne und Empfänger einen Weg durch die fröhliche Meute und ernte verdatterte Blicke. Heute habe ich Unterstützung im Doppelpack: Hinter mir läuft mein Mann mit unserer Tochter auf den Schultern. Sie genießt die gute Sicht von dort oben und lenkt ihren australischen Packesel laut lachend durch ein Ziehen am jeweiligen Ohr durch das Getümmel – «this way, Daddy, no, that way!». Ich klebe mit meinem Ohr am Lautsprecher des Empfängers, um trotz des Lärms um mich herum das Signal des Senders zu hören. Das Signal wird stärker und ich finde das Nest nur einen Meter neben dem Bürgersteig, auf dem sich die Menschen vorbeischieben. Um die Aufmerksamkeit der Leute nicht auf den kleinen Haufen aus Ästen und Blättern zu lenken, gehe ich noch ein paar

Schritte weiter. Dieser Igeldame scheint der Trubel nichts auszumachen. Sie hat hier ein schönes, warmes Plätzchen, denn der kleine Hang neigt sich gen Süden zur Elbe. Sie kann dadurch die Sonnenenergie nutzen, um die Kosten für ihre Aufwärmphasen zu reduzieren, und damit ihr Winter-Energiebudget schonen.

Wenn wir von Einsparungen in der Energiebilanz von Säugetieren und Vögeln sprechen, analysieren wir diese häufig in Relation zum Grundzustand. In diesem Zustand ist der Energiebedarf eines Tieres am geringsten (abgesehen vom torpiden Zustand), es hat dann seinen *Basalstoffwechsel*. Dazu darf das Tier keine Energie für Verdauung, Bewegung oder Fortpflanzung verbrauchen und es muss sich in einem bestimmten Umgebungstemperaturbereich befinden. Der aktuelle Energieverbrauch eines Tieres lässt sich dann relativ zum Basalstoffwechsel beschreiben. Dieser dient als feste Größe zum Vergleich: Der Energieverbrauch im Torporzustand ist x-mal geringer als im Basalzustand; bei der Flucht hingegen ist er x-mal höher. Der Basalstoffwechsel eignet sich hervorragend für Vergleiche zwischen verschiedenen Arten, denn die Messbedingungen sind streng vorgegeben und die Ergebnisse somit reproduzierbar. Eine Analyse von fast 500 Tierarten zeigte im Jahr 2000, dass Tiere aus Trockengebieten einen niedrigeren Basalstoffwechsel haben als Tiere aus gemäßigten Gebieten. Arten in Lebensräumen mit unvorhersehbar schwankenden Umweltbedingungen haben einen geringeren Basalstoffwechsel als Tiere in Lebensräumen mit vorhersehbaren Umweltbedingungen. Für sie ist der Grundzustand, also das bloße Überleben ohne Aktivitäten oder Thermoregulation, entsprechend «billiger».

Der Bereich der Umgebungstemperatur, in der ein Tier seinen Basalstoffwechsel hat, wird die *Thermoneutralzone* genannt. In diesem Bereich geben die normalen lebenserhaltenden Stoffwechselprozesse ausreichend Wärme als Zusatzprodukt ab, um die gleichbleibende, normotherme Körpertemperatur aufrechtzuerhalten. Es wird dementsprechend keine zusätzliche Energie zum Warmhalten oder Kühlen des Körpers verbraucht. Die Thermoneutralzone ist sehr unterschiedlich bei verschiedenen Arten. Bei in der Antarktis lebenden Pinguinen etwa liegt sie zwischen −10 °C und +20 °C.

Diese Tiere sind so gut isoliert, dass sie selbst bei Temperaturen von zehn Grad unter null ihren Stoffwechsel nicht erhöhen müssen, um ihre Körpertemperatur zu verteidigen. Interessanterweise kann sich die Thermoneutralzone auch bei einer Art über das Jahr hinweg verschieben. Diese saisonale Anpassung zeigt zum Beispiel der Dsungarische Zwerghamster *(Phodopus sungorus)* aus Sibirien und der Mongolei, der im Winter bei 20 °C Umgebungstemperatur seine Thermoneutralzone erreicht und im Sommer erst bei 26 °C. Durch diesen «Trick» erreicht der Stoffwechsel schon bei kühleren Temperaturen sein Basalniveau, es können erhebliche Kosten gespart werden.

Kritiker bemängeln, dass der Basalstoffwechsel eine zu artifizielle Größe ist, da sich Tiere in der Natur sehr selten in diesem Zustand befinden. Meist ist die Umgebungstemperatur unterhalb der Thermoneutralzone und die Tiere sind mit Nahrungssuche oder Verdauung beschäftigt, sie befinden sich auf der Flucht vor Prädatoren, auf der Suche nach einem paarungswilligen Artgenossen oder nach einem neuen Nest. Der Basalstoffwechsel ist demnach keine Größe, die den wahren alltäglichen Zustand eines Tieres widerspiegelt. Dennoch ist er zum Vergleich verschiedener Tiergruppen in der Vergleichenden Tierphysiologie unentbehrlich. Ziel muss es demnach sein, notwendige standardisierte Vergleiche zu nutzen, ohne den Blick für die Realität der Tiere in ihrer Umwelt zu verlieren. Denn die alltäglichen Lebensbedingungen haben einen großen Einfluss auf die thermoregulatorischen Fähigkeiten eines Tieres.

Der afrikanische Nacktmull *(Heterocephalus glaber)* ist hierfür ein eindrucksvolles Beispiel. Dieses fast unbehaarte Nagetier lebt ausschließlich in unterirdischen Höhlen, wo es in großen Kolonien von 60 bis 100 Individuen vorkommt, in denen jeweils nur ein fortpflanzungsaktives Weibchen wohnt. In diesem speziellen Mikrohabitat beträgt die Umgebungstemperatur zu jeder Zeit zwischen 29 °C und 31 °C. Die Tiere haben sich evolutiv so sehr daran angepasst, dass sie die Thermoregulation komplett verlernt haben. Setzt man ein einzelnes Individuum Umgebungstemperaturen zwischen 14 °C und 37 °C aus, so entspricht seine Körpertemperatur der Umgebungstemperatur – es verhält sich demnach so wie ein Reptil oder ein anderes ektothermes Tier! Diese Säugetierart hat ihre endothermen Fähigkeiten vollständig eingebüßt, einfach, weil sie in ihrem Lebensraum unnötig sind.

Zurück zu unseren stacheligen Experten der Thermoregulation. Mit meiner Familie im Schlepptau verbringe ich diesen sonnigen Sonntag weiterhin mit der Igel-Suche. Nachdem wir die Messstation für die Igelin am Sonnenhang aufgebaut haben, suche ich alleine weiter – nun nach einem Männchen, das letzte Woche noch sein Nest in einem Vorgarten hier in Övelgönne gebaut hatte. Doch dort kann ich es heute nicht orten. Von Igeln im ländlichen Gebiet ist bekannt, dass sie das Nest um diese Jahreszeit gerne mal wechseln, also mache ich mir keine allzu großen Sorgen. Aber um dank größerer Antennen-Reichweite effektiver suchen zu können, muss ich wohl die steile Treppe emporklettern.

Wie lange werden meine Großstadtigel wohl im Winterschlaf bleiben? Bei Igeln in ländlichen Gebieten schwankt die Dauer der Winterschlafsaison stark innerhalb Europas. In Dänemark sind es 198 Tage, im milderen Irland dauert die Saison dagegen nur 149 Tage. Sogar innerhalb eines Gebietes gibt es häufig eine große Spanne: In Irland etwa verlassen die ersten Igel schon Ende März ihr Winterschlafnest (= *Hibernaculum*), während der letzte Igel bis Mitte Mai wartet! Bei meinen Igeln rechne ich aufgrund der «Wärmeinsel Stadt» mit ihrem milderen Mikroklima und dem höheren Futterangebot mit einer kürzeren Winterschlafdauer, als die Landigel sie zeigen. Vielleicht hat das gesuchte Männchen nicht das Winterschlafnest gewechselt, sondern seinen Winterschlaf beendet?

Oben auf dem Elbuferweg angekommen kann ich das vertraute Piepen zum Glück gleich wahrnehmen. An den langen Zeiträumen zwischen den Signaltönen kann ich erkennen, dass der Igel im Torpor ist. Also ist doch noch nicht Schluss mit dem Winterschlaf. In den Garten einer protzigen Villa mit Elbblick hat er sich verzogen – keine schlechte Wahl. Diesem Stacheltier war wohl zu viel los da unten im Trubel. Ganz genau kann ich den Standort leider nicht bestimmen, denn die Villenbesitzer sind äußerst skeptisch, als ich mit Antenne an der Tür klingle, und sie wollen mir keinen Zugang zu ihrem Garten gewähren. So ist es meistens – kein Problem, ich werde schon außerhalb der dicken Mauer einen Platz für meine Messstation finden. Ich verstecke sie hinter einem Busch neben dem Grundstück, befestige die Antenne oben im Geäst und hoffe auf gute Daten! Dann hole ich schnell wie versprochen Pommes und Eis und geselle mich damit zu meiner Familie am sonnigen Elbstrand.

Ein Leben nach dem Winterschlaf

Es ist Anfang Mai, Hamburg ist endlich wieder grün. Die Sonne schillert auf der Elbe und die blauen Hafenkräne ragen in einen strahlend blauen Himmel. Die Insekten sind zurück und damit die Hauptnahrung unserer stacheligen Freunde. Generell sind Igel in ihrer Nahrung nicht wählerisch, was wahrscheinlich auch zum evolutiven Erfolg dieser Tierart beiträgt. Die von ihnen gefressenen Insektenarten spiegeln das Insektenvorkommen in der Umwelt wider. Sie lassen also nicht das eine Insekt sitzen, um nach einem besseren zu suchen.

Generell sind Käfer ihre Lieblingsspeise, allen voran Laufkäfer. Andere Insekten und deren Larven, aber auch Spinnen, verschiedene Arten von Regenwürmern oder Mollusken (Schnecken) werden ebenfalls gerne verzehrt. (Warum Igel in jedem zweiten Kinderbuch Äpfel fressend dargestellt werden, ist mir ein Rätsel! Ebenso die Raben mit gelben Schnäbeln.) Unterschiede zwischen Männchen und Weibchen gibt es keine, nur ein altersbedingter Unterschied wurde im Jahr 1988 für Landigel beschrieben: Je älter die Tiere, desto weniger Spinnen und Ohrwürmer und desto mehr Käfer und Schnecken fressen sie.

Bei Stadtigeln hingegen wurde laut einer Studie aus dem Jahr 2016 der große Einfluss des städtischen Lebensraumes auf die Nahrung belegt: Über 90 Prozent aller Tiere hatten menschliche Nahrungsmittel konsumiert. Fisch und Milch dominierten dabei (obwohl Igel unter Laktoseintoleranz leiden). Außerdem wurden bei über 20 Prozent Vogelfedern gefunden, bei fast 90 Prozent Pflanzenreste und bei 17 Prozent Sonnenblumenkerne und Nüsse. Die Stadtigel scheinen besonders kreativ zu sein, wenn es um die Nahrungswahl geht. Man kann annehmen, dass unsere Hamburger Stadtigel neben der Käferjagd auch Abfälle aufsuchen. Eine meiner Studentinnen hat öfter Igel beobachtet, die sich mit Keksen und Chips den Bauch vollgeschlagen haben. Gesund ist das sicher nicht, besser ist es da schon, eine Portion Katzenfutter von einer Terrasse zu stibitzen (solange das Verhältnis von Protein zu Fett stimmt und die Nahrung keinen Zucker enthält!).

Die letzte Datenanalyse vor einigen Wochen zeigte, dass die Abstände zwischen den Aufwärmphasen in letzter Zeit immer kürzer wurden. Das ist ein typisches Muster bei Winterschläfern und deutet auf das Ende der Torporsaison hin. Es wird auch langsam Zeit, könnte man meinen, schließlich ist es bereits Mai. Etwas ungläubig habe ich in den vergangenen Wochen die gemessenen Daten beäugt, aber die Igel waren noch im Torpor, obwohl der Frühling längst schon die Hansestadt erreicht hatte.

Doch Igel sind geduldig und oft schlauer als wir Menschen. Der kurze Frühlingseinbruch im März mit sonnigen 17 °C löste bei vielen unter uns solch eine Sehnsucht nach Sommer aus, dass Picknickdecke und Grill aus dem Keller geholt und die Schneeanzüge der Kinder voreilig weggepackt wurden. Als kurz darauf die frostigen Nächte zurück waren, war der Missmut groß. In dieser Zeit klingelte das Telefon bei mir im Büro ständig, Presse und Anwohner waren gleichermaßen beunruhigt, was denn «die armen Igel» jetzt täten, würden die Wetterumschwünge sie nicht verwirren. Nein, die Igel wussten es besser und blieben im Winterschlaf, bis Temperaturen und Insektenvorkommen auf Dauer einladend waren.

So finde ich die Winterschlafnester erst jetzt im Mai leer vor. Die Sender, die während der ersten aktiven Nächte abfallen, sammele ich wieder ein – zu einem persönlichen Abschied mit den Igeln kommt es daher nicht. Zusammenfassend sind die Ergebnisse des Winterschlafprojekts auf den ersten Blick unspektakulär. Entgegen meiner Vermutung zeigen die physiologischen Merkmale fast keine Unterschiede zwischen Stadt und Land, beziehungsweise zwischen Stadt und Labor. Faktoren wie Torpormuster, Aufwärm- und Ab-

Lisa Warnecke mit einem Europäischen Igel (Erinaceus europaeus).

kühlraten, Mindestkörpertemperatur und Winterschlafdauer scheinen sehr konservative Größen zu sein, die auch im Extremlebensraum Großstadt von den Igeln kaum verändert werden. Das klingt vielleicht langweilig, ist es aber aus wissenschaftlicher Sicht keineswegs. Die Feststellung, welche Merkmale einer Tierart flexibel sind und welche unter verschiedenen Umweltbedingungen kaum verändert werden, erlaubt Rückschlüsse auf den Spielraum der Anpassungsfähigkeit von Kleinsäugern. Und es ist ja auch nicht so, dass es gar keine Unterschiede gibt – sie scheinen nur nicht auf der physiologischen Seite zu liegen, sondern ökologische Aspekte zu betreffen.

Mit den Winterschlafdaten ist das Projekt nicht abgeschlossen. Den Sommer über werde ich mit tatkräftiger Unterstützung fleißiger Studierender untersuchen, wo, wann und wie Igel sich in der Großstadt genau bewegen, wo ihre Sommernester liegen, wie sehr sie sich von Störungen durch Menschen, Hunde oder Lärm in ihrem Bewegungsmuster beeinflussen lassen, welche Straßen eventuell Barrieren bilden und welchen Energiebedarf Stadtigel im Sommer haben. Und dann folgt ja noch ein weiterer Winter der Datenaufnahme.

Ohne zu sehr ins Detail zu gehen, lässt sich sagen, dass die Großstadtigel eine Mischung aus eher konservativen physiologischen Mustern und sehr flexiblen Verhaltensweisen zeigen. Winterschlafphysiologie und Energiehaushalt unterscheiden sich kaum von Tieren in Gefangenschaft oder in ländlichen Lebensräumen; Habitatnutzung, Bewegungsmuster und Aktivitätszeiten dagegen sind von Anpassungen an den Großstadtdschungel geprägt. Die Home Range von Männchen ist hier zum Beispiel nur etwa fünf Hektar groß – ein Riesenunterschied zu den 96 Hektar der Landigel! Ein ähnlicher Trend zur viel kleineren Home Range im städtischen Lebensraum ist bei anderen Großstadtbewohnern zu beobachten, wie beispielsweise Eichhörnchen, Dachs oder Waschbär.

Generell kann sich der Igel in vielen Aspekten gut anpassen, während er bei anderen Merkmalen auf eine sehr konservative Herangehensweise setzt. Es scheint diese Mischung aus Langsamkeit und hoher Flexibilität zu sein, die den Igel so erfolgreich macht.

Schon seit etwa 15 Millionen Jahren trotzt er bei fast gleichem Bauplan den Umweltveränderungen um sich herum, während die meisten anderen Arten vielfältige Änderungen durchlaufen haben oder ausgestorben sind.

Kapitel 6

—

Fledermäuse in Bedrängnis

Gefrorene Wimpern

Oft reicht die Axt, manchmal muss die Kettensäge her. Immer wieder bleibt eines unserer Schneemobile im Birkenwald stecken. Groß werden die Bäume hier aufgrund des harten Klimas zwar nicht, aber sie stehen dicht an dicht. Da der Schnee jetzt sehr hoch liegt, kommen wir mit dem Auto nicht an die Höhle heran und müssen mit Schneemobilen den letzten Teil der Strecke zurücklegen. Ein Schneesturm in der Woche zuvor hat viele der kleinen Bäume umgeknickt, die nun den schmalen Waldweg schwer passierbar machen. Die Umgebung hat sich optisch stark verändert seit unserem letzten Besuch. Schnee und Eis haben die Prärie fest im Griff. Die weiße Rinde der Birken fügt sich in das endlose Weiß der Landschaft. Von Oktober bis Mai ist kein Stück Erde mehr zu sehen, alles liegt unter einer dichten Schneedecke – so auch unsere Fledermaushöhle.

Häufig müssen wir absteigen, um die schweren Gefährte über Hindernisse zu schieben. Zumindest wärmt das etwas, denn bei klirrenden –26 °C ist langes Stillsitzen nicht zu empfehlen. Und bloß nicht die Augen zu lange schließen, sonst frieren die Wimpern zusammen! Einem Kollegen in Saskatoon ist das mal auf dem Fahrrad auf dem Weg zur Arbeit passiert – erst das linke Auge, dann das rechte. Nach einer gefühlten Ewigkeit auf den dröhnenden Fahrzeugen zeigt das GPS endlich an, dass die Höhle nur noch einige hundert Meter entfernt liegt. Wir parken die Schneemobile auf einer Lichtung und machen erst einmal ein kleines Feuer, um uns aufzuwärmen. Ich krame ein belegtes Brot aus dem Rucksack, um mich für den bevorstehenden Fußmarsch zu stärken. Als ich mir die wärmende Gesichtsmaske vom Kopf ziehe, um essen zu können, schneidet mir die Kälte förmlich ins Gesicht.

Wir haben keine Zeit zu verlieren, denn vor dem Einbruch der Dämmerung müssen wir den Wald wieder verlassen haben, sonst kommen wir mit den Schneemobilen nicht mehr durch. Und zum Übernachten im Schnee sind wir heute nicht ausgerüstet. Uns bleiben also vier Stunden. Der Mann von der lokalen Nationalparkbehörde, der uns mit den Schneemobilen hilft, bleibt bei den Fahrzeugen und sorgt dafür, dass das Feuer nicht ausgeht. Es geht zu viert weiter, alleine darf man unter solchen Bedingungen auf keinen Fall arbeiten, das wäre lebensgefährlich. Wir wollen heute eine andere Route wählen, die teilweise über einen See führt, denn auf dem gefrorenen Eis ist das Vorwärtskommen leichter als im tiefen Schnee. Wir setzen unsere Rucksäcke mit der Ausrüstung auf und nehmen auch Axt und Schaufel mit – man weiß ja nie.

Dem GPS folgend brechen wir auf. Mühsam kämpfen wir uns durch den kniehohen Schnee zwischen Bäumen und Büschen hindurch. Hätten wir doch nur die Schneeschuhe mitgenommen. Nach ein paar Metern stoppen wir, denn wie aus dem Nichts tut sich ein steiler Abhang vor uns auf. Den können wir nicht umgehen, denn das Unterholz zu beiden Seiten ist zu dicht. Eigentlich ist der Abhang ein gutes Zeichen, denn dann kann der See nicht mehr weit sein, auf dem wir das letzte Stück zurücklegen werden. Nun heißt es halb kletternd und halb rutschend den Hang hinunterzugelangen, ohne dabei die empfindliche Ausrüstung im Rucksack zu beschädigen oder sich mit der Axt zu verletzen. Unten angekommen klopfen wir uns den Schnee ab und schon nach wenigen Metern stehen wir am Ufer des Sees. Die Eisschicht, die ihn bedeckt, ist sicher zwei Meter dick, selbst mit der Axt bekommt man hier keinen Wasserzugang. Auf dem See läuft es sich viel besser, wir kommen endlich schneller voran. Doch dann beginnt es heftig zu schneien und die Sicht wird immer schlechter. Vornübergebeugt laufen wir weiter, den Blick auf das GPS gerichtet. Wirklich kein schöner Tag heute für unsere Tour. Doch die Ausrüstung muss dringend gewartet werden und datenhungrig sind wir auch. *Sie haben ihr Ziel erreicht*. Haben wir?

Wir klettern das Ufer hinauf und suchen nach dem Höhleneingang, aber alles, was wir sehen, ist ein dichter weißer Teppich aus Schnee. Wo war bloß der Eingang zu der Höhle? Dann erkenne ich einen kleinen gebogenen Baum wieder. Dort hatten wir doch die Solarzellen platziert, die unsere Messstation mit Energie versorgen. Die Energieversorgung im Feld stellt oft ein großes Problem dar. Solarzellen erleichtern die Arbeit enorm: Wer schon mal eine Autobatterie durch einen Wald geschleppt hat, kann das nachvollziehen. Und Sonnenschein gibt es hier in der Prärie auch genug – sogar mehr als im Rest des Landes, das entlohnt für die klirrende Kälte. Die Sonne scheint auch heute, doch wo sind unsere Solarzellen, um die Sonnenenergie einzufangen? Das System ist eigentlich genial, aber leider auch anfällig, vor allem für große Schneemassen und für neugierige Bären. Doch die sind jetzt immerhin im Winterschlaf.

Bärengeschichten

Die hier beheimateten Schwarzbären *(Ursus americanus)* halten nämlich keine Winterruhe, wie so oft behauptet wird, sondern sind echte Winterschläfer. Der Begriff Winterruhe ist ein umgangssprachlich benutztes Wort, um die Überwinterung von Tieren zu beschreiben. Der Begriff soll wohl auf eine reduzierte Aktivität im Winter hindeuten, hat aber keinerlei wissenschaftliche Bedeutung.

Der Winterschlaf der Bären sorgte lange für Verwirrung; Forscher haben unter oft abenteuerlichen Bedingungen Licht ins Dunkel gebracht. Tatsächlich lesen sich Berichte früherer Bärenforscher oft wie Kriminalromane. Im Jahr 1959 ist zum Beispiel ein Wissenschaftler in Alaska mit einem Thermometer in eine Höhle geklettert, um es einem torpiden Schwarzbären ins Gesäß einzuführen! Bären sind zwar den ganzen Winter über verschwunden, fahren ihre Körpertemperatur jedoch nur auf minimal 29,4 °C herunter. Die deutlichen charakteristischen Torporphasen im Körpertemperaturprofil, wie wir sie von kleineren Winterschläfern kennen, fehlen. Erst Messungen des Sauerstoffverbrauchs halfen schließlich, den Zustand des Bären eindeutig als Torpor zu definieren. Sauerstoffmessungen bei Bären sind logistisch nicht ganz einfach durchzuführen, aber inzwischen ist bewiesen, dass sowohl Schwarzbären als auch Braunbären *(Ursus arctos)* echte Winterschläfer sind. Sie reduzieren ihren Stoffwechsel um bis zu 75 Prozent, vergleichbar mit den Einsparungen anderer Winterschläfer. Drei bis sechs Monate lang nehmen sie keine Nahrung und kein Wasser zu sich und scheiden auch keine Abfallprodukte aus. Interessanterweise fällt jedoch der Geburtsvorgang in diesen Zeitraum.

Und was ist mit dem Eisbär *(Ursus maritimus)*, warum hält er keinen Winterschlaf? Gerade bei ihm würde man es erwarten, um der arktischen Kälte zu entkommen. Die Begründung liegt in seiner Ökologie, genauer gesagt in seiner Phänologie, dem Ablauf periodisch wiederkehrender Aktivitäten innerhalb eines Jahres. Er muss im Winter essen! Tatsächlich verbringen die Bären den Sommer ziemlich ausgehungert und gelangweilt, da sie zu dieser Zeit kaum Nahrung finden. Im Herbst warten sie darauf, endlich wieder ihre Jagdgründe erreichen zu können. Dieses Spektakel kann man in Churchill im nördlichen Manitoba beobachten. Dort münden Frischwasserzuläufe in die Hudson Bay, daher friert das Wasser schneller als im Rest der großen Meeresbucht. Das wissen die schlauen Bären und treffen sich im Oktober zu Hunderten um und in Churchill.

Sie kommen tatsächlich in den kleinen Ort hinein, und mit einem hungrigen und gelangweilten Eisbären ist nicht gut Kirschen essen. Hört man zu dieser Jahreszeit in Churchill Feuerwerkskörper explodieren, so ist der Anlass keineswegs eine Feier, sondern ein Bär, der durch den Lärm vertrieben werden soll. Falls dieser sich davon nicht abschrecken lässt, hilft nur noch die Flucht in das nächstbeste Auto. Aus diesem Grund verschließt in Churchill keiner seine Autotüren! Die Gefahr des Diebstahls ist außerordentlich gering, da keine Straßen aus dem Ort herausführen. Churchill kann man nur per Zug oder Flugzeug von Winnipeg aus erreichen. Eines frühen Oktobermorgens gegen sechs Uhr soll ein Bär vor unserem Hotel gestanden haben. Das wurde uns jedenfalls mitgeteilt – und wir waren froh, den Morgenspaziergang kurzfristig abgeblasen zu haben! Von einem sicheren Eisbären-Fahrzeug aus lassen sich die stolzen Tiere in ihrer natürlichen Umgebung beobachten. Das ist sehr beeindruckend. Und fast schon lustig ist es, wie sich die Bären in ihrer Langeweile stundenlang verspielt hin- und herrollen, wie man das von einem Labrador-Welpen kennt.

Wenn möglich, verbringen die meisten Bären das ganze Jahr auf dem Eis. Einige Individuen sind jedoch im Sommer auf dem Festland zu finden und ziehen erst im Herbst aufs Eis. Dort suchen sie dann nach ihrer Lieblingsspeise: Ringelrobben *(Pusa hispida)*. Besonders üppig gedeckt ist der Tisch ab April, wenn die Robben auf den Eisflächen ihre Jungen aufziehen. Angesichts der schneller als befürchtet schmelzenden arktischen Eisflächen leben jedoch immer mehr Robben rein pelagisch, sprich: nur im offenen Wasser. Eisbären sind zwar gute Schwimmer, jedoch verliert ihr Fell im nassen Zustand 90 Prozent mehr Wärme an die Umgebung als an der Luft, da sie nicht das stark isolierende Fettgewebe der Meeressäuger haben. Die Zeit im eisigen Wasser kostet die Bären daher neben der Energie zum Schwimmen auch mehr Energie zum Warmbleiben. Hinzu kommt, dass die Distanzen zwischen den Eisflächen immer größer werden. Zwischen August und Oktober gibt es dann fast gar nichts zu fressen, die Bären hungern während dieser Zeit. Und die Sommer werden immer länger. Eine Studie aus dem Jahr 2015 zeigt, dass Eisbären während dieser Zeit reduzierte Aktivität und Körpertemperatur aufweisen, aus der jedoch nur geringe Energieeinsparungen resultieren. Kurzum, Eisbären halten trotz der Kälte keinen Winterschlaf, da der Winter die Hauptzeit zum Fressen ist.

Die schwindenden Eisflächen führen zu spannenden Tierinteraktionen, unter anderem treffen Braunbären und Eisbären nun vermehrt aufeinander. Im Jahr 2015 wurde berichtet, wie sie um die Reste von Grönlandwalen *(Balaena mysticetus)* konkurrieren, die indigene Walfänger in Alaska zum Lebensunterhalt in kleinen Mengen jagen dürfen. Viel gekämpft wurde zwischen den beiden Arten wohl nicht, sondern man einigte sich relativ friedlich auf unterschiedliche Tageszeiten für die Wal-Mahlzeit. In der Regel jedoch verscheuchen die Braunbären ihre weißen Kollegen. Tatsächlich handelt es sich um Schwester-Arten, über deren Evolution und Verwandtschaftsgrad viel gerätselt wird. Genetische Analysen aus dem Jahr 2012 zeigen, dass die beiden Arten sich schon vor mindestens vier Millionen Jahren getrennt haben. Diese Daten zeigen auch, dass Eisbären seit 500 000 Jahren einen Populationsrückgang erleben und der menschenverursachte Klimawandel ihnen nun verstärkt zusetzt. Es sieht nicht gut aus für die Eisbären, da sie ihre ökologische Nische mit den schmelzenden Eisflächen immer mehr verlieren. Die Frage ist dann, wie viel Flexibilität diese Art zeigen wird, um sich an die neuen Gegebenheiten anzupassen.

Wässrige Luft

Der Höhleneingang liegt nur wenige Meter von uns entfernt. Die Nähe zum See bedeutet im Herbst reichliches Nahrungs- und Wasservorkommen. Jetzt ist der Höhleneingang regelrecht zugemauert. Das hält Raubtiere ab, lässt aber auch kein Licht und keinen Ton hineindringen. Doch das stört unsere Fledermäuse nicht. Im Gegenteil: In der Höhle wird auf diese Weise ein Mikroklima geschaffen, das sie vor den rauen Außentemperaturen schützt. Unsere Datenlogger in der Höhle verraten, dass sich in der Höhle eine fast konstante Temperatur von 4 °C hält, während draußen Schneestürme wüten. Dazu herrscht hohe Luftfeuchtigkeit. Es ist ein perfektes Mikroklima für den Winterschlaf unserer Fledermäuse!

Tatsächlich ist eine hohe Luftfeuchtigkeit neben der gleichbleibenden Temperatur entscheidend für das Überwintern der Fledermäuse. Wie bereits erwähnt, verfügen sie aufgrund ihrer Flügel über ein ungünstiges Verhältnis von Körperoberfläche zu Körpervolumen. Selbst bei einer kleinen Fledermaus von acht Gramm haben die Flügel eine Spannweite von 25 Zentimetern. Über diese großen, unbehaarten und stark durchbluteten Flügel geht neben Wärme

Von Tropfen bedeckt: Frontalansicht einer Kleinen Braunen Fledermaus (Myotis lucifugus) *im Winterschlaf in einer Höhle in Manitoba, Kanada. Der Körper ist von Kondensation benetzt.*

auch viel Feuchtigkeit an die Umgebung verloren. Zusätzlich zur großen Oberfläche haben Fledermäuse einen hohen Stoffwechsel und damit eine vergleichsweise schnelle Atmung, was zu weiterem Wasserverlust führt. Aus diesen Gründen sind etwa 80 Prozent relative Luftfeuchtigkeit im Winterschlafquartier das Minimum für unsere Fledermäuse, die dann oft komplett von Kondensation bedeckt sind. Auch für andere Tierarten ist der Einfluss des Wasserhaushalts auf die Torpormuster bekannt. Eine Studie in den späten 1990er Jahren zeigte beispielsweise, dass der Wasserhaushalt die zuverlässigsten Voraussagen über das Auftreten von Aufwärmphasen beim Goldmantelziesel *(Callospermophilus lateralis)* zulässt.

Draußen vor der Höhle haben wir mit der Bergung der Solarzelle alle Hände voll zu tun. Sie liegt unter Schnee und abgebrochenen Ästen begraben. Zum Glück haben wir Schaufel und Axt dabei und können das Kabel anschließen und das Gerät unbeschädigt wieder zum Laufen bringen. Anschließend graben wir die Metallkiste aus, in der sich die Messstation befindet. Empfänger und Speichergerät prüfen wir auf Funktionstüchtigkeit. Schnell die Sicherung ausgetauscht, dann läuft die Messstation wieder. Die heruntergeladenen Temperaturprofile zeigen, dass die Tiere sich über die erste Hälfte des Winters etwa alle zwei Wochen auf Normaltemperatur aufgewärmt haben. Einige Torporphasen im Dezember dauerten sogar bis zu 30 Tage, was an die Maximalgrenze unter diesen Bedingungen heranreicht.

Gemeinsam einheizen

Während wir draußen unsere Sachen zusammenpacken und uns auf das wärmende Feuer im Wald freuen, beginnt ein Tier in der Höhle eine Aufwärmphase. Dafür muss es teuer bezahlen, genauer gesagt: 100 Milligramm an Fettreserven. Wenn man nur wenige Gramm wiegt, ist das eine ganze Menge. Über den gesamten Winterschlafzeitraum verteilt, sind etwa 20 Aufwärmphasen möglich, mehr nicht. Bis zu 25 Prozent ihres Körpergewichts können die kleinen Tiere verlieren – mehr wäre tödlich. Sie müssen gut haushalten! Der Vorgang der Erwärmung dauert nur 44 Minuten, schon laufen sämtliche Körperfunktionen wie Stoffwechsel, Körpertemperatur und Herzschlag wieder normal.

Unsere Fledermäuse hängen dicht gedrängt, und so profitieren einige Nachbarn von der teuer produzierten Körperwärme der anderen: Sie wärmen passiv mit auf. Das ist schlau, sozusagen eine Aufwärmphase zum reduzierten Preis! Dadurch sparen sie wertvolle Fettreserven und schonen ihr Energiebudget. Neben diesem positiven Aspekt der gemeinsamen Aufwärmphasen gibt es aber auch ungewollte Störungen. Sobald ein Tier sich erwärmt, räkelt es sich, streckt seine langen Fingerknochen und beginnt über seine Nachbarn zu klettern, wofür es vor allem die hervorstehenden Daumen nutzt. Die Nachbarn werden dabei ganz schön geschüttelt, fast rücksichtslos wirkt das Zerren an den torpiden Genossen. Es stört einige Tiere sogar so sehr, dass sie ihrerseits ungewollt mit aufwärmen. So wird durch eine einzelne Aufwärmphase oft eine ganze Kaskade an Aufwärmphasen ausgelöst. Bis zu 20 Prozent der Gruppe können synchron normotherm sein. Es ist noch ungeklärt, ob bei diesen nicht selbst initiierten Aufwärmphasen die physiologischen Vorteile des Energiesparens oder die physiologischen Nachteile einer ungeplanten, zusätzlichen Aufwärmphase überwiegen.

Die meiste Zeit der Aufwärmphasen geht für Fellpflege, Trinken und Umherklettern drauf. Wie man es auch von Katzen kennt, lecken und kratzen sich Fledermäuse unter obskuren Verrenkungen am ganzen Körper. Das Entfernen von Körperabfallprodukten, die sich trotz der geringen Stoffwechselleistung über die Wochen anhäufen, ist ein weiterer lebenswichtiger Prozess. Zum Urinieren müssen sich die Tiere umdrehen, damit die Schwerkraft ihnen keinen Streich spielt. Des Weiteren wird abgegebene Flüssigkeit wieder nachgefüllt. Selbst wenn kein stehendes Wasser in der Höhle zu finden sein sollte, so sind doch die Höhlenwände mit Kondensation benetzt. Nach nur drei Stunden ist die Aufwärmphase auch schon wieder vorbei und die nächste Torporphase beginnt. Durch die ausgelöste Kaskade kann in der Höhle allerdings für viele Stunden Bewegung in der Kälte herrschen.

Während sich die Körpertemperatur der Tiere wieder der Höhlentemperatur nähert, wird auch ihr Herzschlag immer langsamer. Im Flug schlägt so ein kleines Herz über 1000 Mal pro Minute und im Ruhezustand immerhin noch etwa 200 Mal. Im Torpor dagegen reichen erstaunliche fünf Schläge pro Minute aus! Als Ruhe in der Höhle einkehrt und unsere Freunde wieder scheinbar leblos an der kalten Höhlenwand hängen, erreichen wir erleichtert unsere Feldstation.

Weiße Nasen

Bei einer Feldstudie im Herbst sind wir auf Fledermaussuche durch die Nachbarprovinz Ontario gereist. Mit lokalen Fledermausexperten haben wir dort verschiedene Höhlen und Minen besucht. Bei vielen der Minen handelte es sich nur um kleine, ebenerdige Schächte, die zur Suche nach Gold genutzt worden waren. Zwei Ziele verfolgten wir mit dieser Tour. Erstens wollten wir das Fledermausvorkommen in den verschiedenen Gebieten dokumentieren und Standorte für zukünftige Populationskontrollen festlegen. Zweitens planten wir Gewebeproben für eine genetische Studie zu sammeln. Hintergrund des Projekts war eine Fledermauskrankheit, doch dazu später mehr.

Am ersten Tag schafften wir es bis in die Nähe von Kenora, doch das von uns angesteuerte Motel war ausgebucht. Auch bei den drei nächsten Motels wurden wir von *No-Vacancy*-Schildern begrüßt. Damit hatten wir nicht gerechnet, hier – mitten im gefühlten Nirgendwo. Wir fuhren weiter, und da es schon dunkel war und wir Hunger hatten, hielten wir bei der nächstbesten Gelegenheit, obwohl das Motel seine besten Tage lange hinter sich hatte. Als wir nach dem Einchecken unser modriges Zimmer betraten, ließ mich ein großer Blutfleck auf dem Teppich erschaudern. Verschiedene Filmszenen liefen vor meinem inneren Auge ab, schnell schüttelte ich die gruseligen Gedanken ab. Ach, es ist ja *Moose Season*, die Zeit der Elchjagd, fiel mir dann ein. Deshalb waren auch alle Motels ausgebucht. Ein vorheriger Gast wird wohl seine Jagdkleidung hier abgelegt haben oder er hat den Kadaver auf dem Weg ins Bad fallen lassen. Einigermaßen beruhigt ließen wir uns auf die durchgelegenen Betten fallen, doch so richtig tief schlief in dieser Nacht keiner von uns, und wir waren froh, als wir am nächsten Morgen weiterfahren und diesen gruseligen Ort hinter uns lassen konnten.

Dafür wurden wir tagsüber entlohnt, denn die Gegend ist wunderschön mit vielen Seen, Wäldern und Wasserfällen, großartigen Höhlen und Schluchten. Fledermäuse haben wir auch gefunden und die benötigten Gewebeproben entnehmen können. Dafür knipst man den Fledermäusen eine zwei Millimeter kleine kreisrunde Fläche aus der Flügelhaut, die innerhalb von Wochen wieder zuwächst. Dieses kleine Stück Haut wird dann in diversen Labor-Prozessen so verarbeitet, dass man anschließend auf der Gen-Ebene analysieren kann. Genauer gesagt schaut man nach *Micro-Satellites*, das sind kurze, sich wiederholende Sequenzen in der Abfolge des Erbmaterials, die eine Schlussfolgerung auf den Verwandtschaftsgrad zwischen verschiedenen Tieren zulassen. So kann man zum Beispiel untersuchen, welcher Gen-Austausch zwischen verschiedenen Winterschlafquartieren stattfindet.

Informationen zu Populationsgrößen, Genaustausch und Fledermausbewegungen sind derzeit von besonderer Wichtigkeit, da sich ein tödlicher Feind unseren Fledermäusen in Manitoba nähert. Weißnasen-Syndrom (englisch: *White-Nose Syndrome*) heißt die Krankheit, die derzeit Millionen von Fledermäusen in Nordamerika das Leben kostet. Verursacht wird sie durch einen Pilz *(Pseudogymnoascus destructans)*, der in die Hautoberfläche von Flügeln, Gesicht und Ohren eindringt und das Gewebe zerstört. Das Besondere an diesem Pilz ist, dass er die Kälte liebt und so in aller Ruhe bei Fledermäusen im Winterschlaf sein Unheil anrichten kann. Das Massensterben durch einen Pilz erinnert an eine Krise unbeschreiblichen Ausmaßes in einer anderen Wirbeltiergruppe: das Aussterben beziehungsweise die dramatischen Populationseinbrüche von weltweit mehr als zweihundert Amphibienarten, verursacht durch den Pilz *Batrachochytrium dendrobatidis*.

Das Weißnasen-Syndrom verursacht das schlimmste Säugetiersterben, das jemals dokumentiert wurde. In Nordamerika wurde es bisher bei sieben Fledermausarten diagnostiziert; bei fünf weiteren Arten wurde der Pilz zwar auf den Tieren nachgewiesen, aber die Krankheitssymptome bleiben (bisher) aus. Nach Schätzungen beläuft sich die Zahl der Todesopfer auf fünf bis zehn Millionen Tiere. Das ist sehr viel, vor allem angesichts der Tatsache, dass es sich um eine sehr junge Krankheit handelt. Im Februar 2006 stiegen Fledermausforscher in Schoharie Co., New York State, USA, wie jedes Jahr in eine große Höhle, um die dort ansässigen Fledermäuse zu zählen. Unten angekommen, bot sich ihnen ein grausiges Bild: Der Höhlenboden war bedeckt mit Tausenden von toten Fledermäusen. Bei genauer Inspektion der Tiere wurde ein weißer Bewuchs festgestellt. Der Name Weißnasen-Syndrom war geboren. Es dauerte jedoch noch einige Jahre, bis der verantwortliche Pilz beschrieben und benannt wurde. Inzwischen ist die Krankheit über den gesamten Westen Nordamerikas verbreitet, 31 US-Staaten und fünf kanadische Provinzen waren im April 2017 als betroffen gemeldet. Die Folgen für die Fledermauspopulationen sind katastrophal.

Die Kleine Braune Fledermaus war vor dem Ausbruch der Krankheit die häufigste Fledermausart Nordamerikas. Niemand hätte je erwartet, dass man sich einmal Sorgen um sie machen müsste. Eine Studie aus dem Jahr 2010 beschreibt den dramatischen Populationseinbruch dieser Art und präsentiert Zukunftsmodelle. Selbst bei dem optimistischsten aller durchgerechneten Szenarien wird die Zahl der Tiere in den kommenden 20 Jahren von ursprünglich über sechs Millionen Tieren auf unter 65 000 Individuen absinken – gerade mal ein Prozent wird übrig sein! Durch ihre geringe Fortpflanzungsrate mit nur einem Jungen pro Jahr erholen sich Populationen nur sehr langsam. In den kommenden 16 Jahren wird die Kleine Braune Fledermaus in vielen ihrer ehemaligen Verbreitungsgebiete völlig ausgerottet sein. Das hat Kanada dazu veranlasst, die Art schon jetzt als bedroht einzustufen.

Hörnchen und Viren

Es ist Ende März. Während europäische Waldböden schon von Frühjahrsblühern bedeckt sind, die sich einen Platz an der Sonne erkämpfen, bevor das Laubdach sich schließt, liegt hier noch alles in Weiß. Daran wird sich auch für eine Weile nichts ändern, denn Schneefall im Mai ist nichts Ungewöhnliches. Darauf folgen Wochen der Schneeschmelze und Überschwemmungen. Anstelle eines schönen, sich langsam entfaltenden Frühlings folgt hier dem grauen Schneematsch eine plötzliche Explosion an Leben; innerhalb weniger Wochen stehen alle Bäume in vollem Laub.

Es ist deutlich unter null Grad und wir sind einmal mehr auf dem Weg zu unserem Untersuchungsgebiet. Für die Fahrt haben wir uns wie immer eingedeckt mit unserer Spezial-Schnee-Autofahrt-Droge, die man legal an den Tankstellen der Prärie erstehen kann: eine heiße Schokolade mit darin aufgelösten Toffee-Pralinen, verfeinert mit Karamell-Sirup und Vanille-Sahne. Serviert in einem 700 Milliliter Becher. Dazu bläst Ska-Musik aus der Anlage. Mit dieser Kombination bleiben wir während der stundenlangen Geradeausfahrt garantiert wach! Auch wenn der Frühling noch fern ist, sind wir immerhin nicht mehr auf Schneemobile angewiesen und kommen mit dem Auto bis zur Höhle.

Als wir unseren Hybrid-Geländewagen parken, werden wir lautstark beschimpft. Wir haben zu nah an einem Kobel, einem Hörnchen-Nest, geparkt. Wie fahrlässig von uns! Die Familie der Hörnchen (Scuiridae) hat sich von einem Urahn vor 30 bis 40 Millionen Jahren ausgehend in eine sehr vielfältige Gruppe mit weltweit über 280 Arten entwickelt, die in fünf Unterfamilien gegliedert sind. Interessant ist, dass innerhalb einer Familie einige Vertreter zu den Meistern des Winterschlafs gehören wie das Arktische Ziesel *(Urocitellus parryii)*, während andere Arten keinen Torpor nutzen wie unser Europäisches Eichhörnchen *(Sciurus vulgaris)*. Viele Hörnchen verstecken Nahrung in der Landschaft, um während schwieriger Zeiten darauf zurückgreifen zu können. Da diese verteilten Vorräte meist aus Baumsamen und Früchten bestehen, tragen die Tiere damit auch zur Ausbreitung verschiedener Baumarten bei. Durch das Anlegen vieler kleiner Depots soll der Einfluss von Vorratsräubern reduziert werden. Das Wiederfinden der Vorräte basiert auf einer Kombination aus räumlicher Erinnerung und Geruchssinn.

Zwei Arten dieser Nagetiere trifft man in der Prärie besonders häufig an, das Grauhörnchen *(Sciurus carolinensis)* und das Rothörnchen *(Tamiasciurus hudsonicus)*. Letzteres ist nicht mit unserem Eichhörnchen zu verwechseln, das sogar näher mit dem Grauhörnchen verwandt ist, wie man dem gemeinsamen Gattungsnamen *Sciurus* entnehmen kann. Das Grauhörnchen hat in Europa traurige Berühmtheit erlangt. In Großbritannien, Irland und Italien treibt es die einheimischen Europäischen Eichhörnchen an den Rand des Aussterbens. In Großbritannien ist es am schlimmsten, dort sind die einheimischen Eichhörnchen inzwischen auf Waldgebiete in Schottland beschränkt, der Kampf gegen die *Neozoen* (= gebietsfremde Tiere) gilt als verloren. Derzeit wird die Schweiz von den Grauhörnchen erobert; Schätzungen zufolge werden sie in den kommenden 50 Jahren die Alpen überqueren. Die Zukunft unserer einheimischen Eichhörnchen sieht düster aus.

Noch sind die Grauhörnchen jedoch nicht in Deutschland angekommen, wie oft fälschlich in der Presse berichtet wird. Die manchmal gesichteten schwarzen oder dunklen Exemplare sind die gleiche Art wie die dunkelroten Tiere. Warum die verschiedenen Fellfärbungen existieren, wissen wir nicht. Generell scheint es in höheren Lagen mehr dunkle Vertreter zu geben; allerdings sehen wir auch in Hamburg oft pechschwarze Tiere. Grauhörnchen setzen unseren einheimischen Eichhörnchen auf zweierlei Art zu. Zum einen sind sie in der direkten Konkurrenz überlegen, denn Grauhörnchen sind aggressiver, tolerieren höhere Populationsdichten und nutzen Nahrungsressourcen auf andere Weise. Der zweite Grund ist ein im Jahr 2003 entdeckter Virus (Squirrelpox-Virus), den die Grauhörnchen tragen, ohne selber davon krank zu werden. Für unsere Eichhörnchen jedoch ist er tödlich, sie sterben innerhalb von drei Wochen. In Gegenden, in denen einheimische Eichhörnchen auf infizierte Grauhörnchen treffen, verläuft ihr Rückgang zwanzigmal schneller als ohne den Virus.

Fledermäuse sind das Paradebeispiel für Tiere, die ein biologisches Reservoir für diverse Krankheitserreger bilden und zu deren Verbreitung beitragen, ohne selbst zu erkranken. Die berühmtesten Fledermaus-Viren sind Tollwut (Familie *Rhabdoviridae*, Gattung *Lyssavirus*) sowie der Nipah-Virus und Hendra-Virus. Da die Tiere selbst keine Krankheitssymptome zeigen, entsteht eine Schädigung nur bei Übertragung auf empfindliche Wirtstiere, inklusive dem Menschen. Begünstigt werden die Ansteckungen durch die fortschreitende Waldabholzung, die Wildtiere wie Fledermäuse immer mehr in die unmittelbare Nähe zu menschlichen Siedlungen zwingt. In den vergangenen zwei Jahrzehnten infizierten sich jährlich ein oder zwei US-Amerikaner mit Tollwut durch eine Fledermaus. Wie alle Fledermausforscher sind wir natürlich geimpft, um das sehr geringe Risiko noch weiter zu reduzieren.

Wir sind an der Höhle angekommen und überprüfen die Ausrüstung. Zur Abwechslung läuft dieses Mal alles wie geschmiert und wir machen uns auf den Rückweg. Anstatt nach Winnipeg geht es direkt nach Saskatoon, das während des Winters unsere zweite Heimat ist. Neben den Tieren im Freiland arbeiten wir in unserer Forschungsgruppe auch mit Tieren im Labor, um dem Weißnasen-Syndrom auf die Schliche zu kommen. Es wird befürchtet, dass die Krankheit jederzeit in Manitoba ankommen kann, da sie in Ontario schon seit einigen Jahren ihr Unwesen treibt.

Tödlicher Winterschlaf

Hier in Saskatoon in der westlichen Nachbarprovinz Saskatchewan untersuchen wir die Winterschlafmuster von kranken Fledermäusen im Labor. Wir arbeiten mit der gleichen Art wie im Freiland (Kleine Braune Fledermaus), da sie vom Weißnasen-Syndrom stark betroffen ist. Anderen Arten geht es jedoch nicht viel besser, besonders denjenigen, die schon vor Beginn der Krankheit bedroht waren, wie etwa das Graue Mausohr *(Myotis grisescens)* oder das Indiana Mausohr *(Myotis sodalis)*. Gemeinsam ist allen betroffenen Arten, dass sie in Höhlen und Minen überwintern, oft mischen sich dort verschiedene Arten. Die Gruppenstärke in den Höhlen variiert sehr, von ein paar hundert Tieren bei der Kleinen Braunen Fledermaus bis zu weit über 5000 Tieren. Ist der Pilz erst in einem Winterschlafquartier angekommen, sterben hier zwischen 30 und 99 Prozent aller Fledermäuse im folgenden Winter. Man findet die Fledermäuse verhungert auf dem Höhlenboden oder im Schnee um den Höhlenausgang herum, nachdem sie trotz winterlicher Bedingungen verzweifelt auf Nahrungssuche gegangen sind. Dieser Zusammenhang zwischen Fledermaussterben und Winterschlaf treibt den Laborteil unserer Forschung an.

Eine der brennenden Fragen ist: Woran genau sterben die Tiere? Das ist auch nach vielen Jahren Forschung noch schwer zu beantworten. Ein Grund dafür liegt in der Natur von Wildtierkrankheiten: Sie stellen ein kompliziertes Geflecht von Interaktionen dar zwischen dem Wirtstier, dem Pathogen (= Krankheitserreger) und der Umwelt. Die Forschung muss interdisziplinär ablaufen. Nur wenn Experten aus den Bereichen Fledermausökologie, Winterschlaf, Pilzforschung, Pathologie und Wildtierkrankheiten zusammen mit Angestellten der Naturschutzbehörden an einem Tisch sitzen, lassen sich sinnvolle Experimente und mögliche Strategien planen und durchführen. Die Arbeit dieser heterogen zusammengesetzten Wissenschaftlergruppe wenige Jahre nach dem ersten Nachweis der Krankheit hautnah mitzuerleben – das Engagement, die Krisensitzungen, die oft genialen Forschungsansätze – war sehr beeindruckend.

Früh wurde spekuliert, dass die Fledermäuse durch ein gestörtes Winterschlafmuster ihre Fettreserven vorzeitig verbrauchen. Wir können mit unserer Laborstudie, veröffentlicht im Jahr 2012, tatsächlich erstmals beweisen, dass kranke Tiere eine erhöhte Frequenz der Aufwärmphasen zeigen. Dieses Ergebnis rückt die Torporforschung ins Zentrum des Weißnasen-Desasters. Doch wodurch werden die vermehrten Aufwärmphasen ausgelöst und welche anderen Aspekte sind betroffen? Um diese Fragen zu beantworten, stellen wir ein im Jahr 2013 veröffentlichtes Modell vor, das eine Kaskade von Störungen auf verschiedenen physiologischen Ebenen in Betracht zieht, die letztendlich mit dem Tod der Fledermaus enden. Zentral für das Krankheitsbild scheint eine Kombination aus Störungen des Elektrolythaushalts, des Säure-Basen-Haushalts und der Hämatologie (Blutphysiologie) zu sein. Ergebnis sind hypotone Dehydrierung (= Flüssigkeits- und Salzverlust), Stoffwechselazidose (Blut zu sauer) und Hypovolämie (zu wenig Blut). Viele dieser Merkmale treten bei Verbrennungsopfern auf. Wirklich überraschend ist das nicht, denn in beiden Fällen ist ja die Hautschicht zerstört. Was mit Störungen der Flügelhaut durch die Pilzhyphen beginnt, löst dann eine Flut von Reaktionen aus. Die Fledermäuse trocknen aus, ein weiterer Auslöser für vermehrte Aufwärmphasen. Das führt zu einer erhöhten Fettverbrennung und die kostbaren Fettreserven reichen dann nicht bis zum Frühling. Außerdem setzen den Tieren Salzverlust und Übersäuerung zu. Noch müssen viele dieser angenommenen Mechanismen experimentell überprüft werden, aber es ist sehr wahrscheinlich, dass die Fledermäuse letztendlich an einer Kombination verschiedener Faktoren sterben.

Die Überlebenswahrscheinlichkeit ist eine Frage der Zeit. Falls der Winter kurz ist und die Fledermäuse früh genug wieder Zugang zu Nahrung und Wasser haben, können sowohl die Flügelhautverletzungen als auch die physiologischen Störungen geheilt werden. Ob diese Tiere im nächsten Winter schon eine Resistenz gegenüber dem Pathogen zeigen, wird derzeit getestet. Tatsächlich liegt die Antwort auf alle unsere Fragen wohl in den Überlebenden, in dem einen Prozent der Fledermäuse, die nicht sterben, wenn der Pilz eine Höhle befällt. Daher ist vom Töten aller Tiere einer befallenen Höhle *(Culling)*, um die Ausbreitung der Krankheit einzuschränken, dringend abzuraten. Wodurch zeichnen sich die Überlebenden aus, was macht sie immun? Könnte man das herausbekommen, ergäbe sich eventuell ein Behandlungsansatz. Das ist nämlich ein fast schon absurder Aspekt dieser Krankheit: Der Pilz an sich ist sehr leicht zu bekämpfen. Herkömmliches Fußpilzpuder tötet ihn, ohne der Fledermaus zu schaden. Ein großflächiges Aussprühen der Höhlen würde jedoch auch die vielen natürlichen Pilze zerstören, die für ein gesundes Höhlen-Ökosystem unerlässlich sind. Damit aber tut man den Fledermäusen ganz gewiss keinen Gefallen.

Benötigt wird also eine gezielte Behandlung. Oder doch nicht? Prominente Stimmen sagen auch, dass der Beitrag von uns Menschen prinzipiell auf drei Dinge beschränkt ist: den Tieren sichere Wald-Sommerquartiere zu garantieren, die Störungen in den Höhlen durch Menschen zu minimieren und nicht selbst Sporen des Pilzes in die nächste Höhle zu tragen. Aufgrund dieser Gefahr arbeiten alle Fledermaus- und Höhlenforscher seit Jahren sowohl im Feld als auch im Labor nur noch nach strikten Dekontaminierungsprotokollen. Wir tragen weiße Ganzkörperanzüge, bevor wir uns einem Höhleneingang oder einer Fledermausfalle auch nur nähern. Die gesamte Ausrüstung wird anschließend sorgfältig mit Bleichmitteln geschrubbt.

Teure Fledermäuse

Das katastrophale Tiersterben führt zu der Frage: Was sind (uns) Fledermäuse wert? Um die Aufmerksamkeit der Öffentlichkeit zu erlangen, werden Tierarten oder Lebensräume danach begutachtet, welche *Ecosystem Services* sie bringen: Welchen Nutzen hat ein Ökosystem für uns Menschen? Fledermäuse eignen sich dafür überraschend gut. Zum Beispiel ziehen im US-Staat Texas Millionen von Tieren über die landwirtschaftlichen Flächen und vertilgen in großer Anzahl potenzielle Schädlinge wie Heuschrecken. Auf einer Tagung sah ich eine Radaraufnahme einer riesigen Wolke von Fledermäusen, die auf eine ebenso große Wolke Heuschrecken zuflog. Nachdem sich die Wolken gekreuzt hatten, war die eine plötzlich verschwunden, wie in Luft aufgelöst. Das war eine äußerst plastische Darstellung einer Welt, die uns Menschen so völlig entgeht, weil sie sich zum einen nachts und zum anderen in schwindelerregenden Höhen entfaltet.

Eine Studie im Jahr 2011 rechnete am Beispiel von Texas hoch, welche Leistungen Fledermäuse für Ökosysteme bringen. Danach wird der Verlust der Fledermäuse durch das Weißnasen-Syndrom die Landwirtschaft in den USA zwischen 5 und 22 Milliarden Dollar

Forscherteam aus Winnipeg kurz vor dem Abstieg in eine Fledermaushöhle. Die weißen Schutzanzüge sind Teil des Dekontaminierung-Protokolls aufgrund des Weißnasen-Syndroms.

kosten! Eine zentrale Rolle spielen dabei die erhöhten Kosten für chemische Pestizide, sobald die natürlichen Insektenvertilger wegfallen. Der ansteigende Pestizideinsatz hat zusätzlich einen negativen Einfluss auf die menschliche Gesundheit und das gesamte Ökosystem. Diese Publikation war für die öffentliche Diskussion der Krankheit und generell für die Wertschätzung von Fledermäusen sehr wichtig. Plötzlich gab es mehr Forschungsgelder und die Medien wachten auf. Es ist eine deprimierende Erfahrung dass dem Naturschutz erst ein Geldwert zugeschrieben, den Fledermäusen gleichsam ein Dollarzeichen auf die Flügel tätowiert werden muss, bevor die Öffentlichkeit zuhört.

Als die einzigen fliegenden Säugetiere spielen Fledermäuse eine zentrale Rolle für das sensible Gleichgewicht vieler Ökosysteme weltweit und sind damit wichtiger für uns Menschen, als viele von uns wahrhaben wollen. Neben dem Vertilgen von Insekten betrifft das auch ihre Dienste für die Bestäubung von Pflanzen und die Ausbreitung von Pflanzensamen. Drei Arten von Blattnasen-Fledermäusen sind beispielsweise entscheidend für die Bestäubung von diversen Agaven- und Kakteenarten in den Trockenzonen Südamerikas. Das prominenteste Beispiel ist die *Agave tequilana*, die für das millionenschwere Geschäft mit dem mexikanischen Alkoholgetränk verantwortlich ist, das von Europäern mit Zitrone und Salz getrunken wird: Ohne Fledermäuse kein Tequila! Wenn es einen positiven Aspekt des derzeit dramatischen Tiersterbens in Nordamerika geben sollte, so ist es vielleicht ein kleiner Anstieg der Wertschätzung der Fledermäuse.

Und wie sieht es mit dem «Rest der Welt» aus? Nachdem die Schreckensmeldungen aus Nordamerika bekannt geworden waren, machten sich heimische Fledermausforscher auf die Suche. Was sie fanden, war erstaunlich: Eine Kollegin aus Berlin präsentierte im Jahr 2010 den Beweis, dass die europäischen Fledermäuse auch den Pilz tragen! Jedoch zeigen sie nicht die Krankheitsbilder des Weißnasen-Syndroms. Dies lässt vermuten, dass sich die Tiere hierzulande durch Koevolution an den Erreger gewöhnt haben und er ihnen nichts anhaben kann. Handelt es sich um den gleichen Erreger? Haben etwa Menschen den Pilz nach Nordamerika gebracht und damit eine der größten Krisen in der Geschichte der Säugetiere ausgelöst?

Schuldiger Höhlentourist

Um diese Frage zu prüfen, verglichen wir die Winterschlafmuster von zwei Gruppen nordamerikanischer Fledermäuse in unserer Laborstudie. Die eine Gruppe war mit dem Pilz aus Europa infiziert, die andere mit dem aus Nordamerika. Dabei gab es zwei mögliche Szenarien. Erstens: Wenn beide Gruppen die gleichen Veränderungen im Winterschlafverhalten zeigen, ist der Pilz der gleiche und die europäischen Fledermäuse zeigen eine höhere Toleranz. Das wäre ein sicheres Zeichen dafür, dass der Pilz aus Europa eingeschleppt wurde. Zweitens: Falls die Gruppen verschiedene Winterschlafmuster zeigen, hat sich der Pilz in Nordamerika verändert; durch genetische Mutation wurde eventuell ein bisher harmloser Höhlenpilz plötzlich zu einem Fledermauskiller.

Das erste Szenario trat ein. Unsere Ergebnisse waren nicht nur ein Beweis für den Ursprung des Pathogens, sondern auch ein Hinweis darauf, dass die Fledermäuse in Europa sich durch Koevolution mit dem Pilz arrangiert haben müssen. Sie tragen zwar den Pilz, zeigen aber nicht die charakteristischen Krankheitssymptome. Die Winter sind hier milder und die Zeit ohne Nahrung ist kürzer, der Pilz hat demnach weniger Zeit, sein Unwesen zu treiben. Damit lässt sich aber nicht erklären, warum die Krankheitssymptome ganz ausbleiben. Möglicherweise hat der Pilz hier vor Tausenden von Jahren auch ein Massensterben ausgelöst und die Überlebenden haben ihre Resistenz weitergegeben. Dafür spricht auch die generell geringere Populationsdichte in Europa.

Dieser Gedankengang weckt Hoffnung. Hoffnung darauf, dass auch die Fledermäuse Nordamerikas sich wieder fangen, selbst wenn das Jahrhunderte dauern wird. Entscheidend dafür ist, dass im Sommer möglichst große Flächen intaktes Habitat zur Verfügung gestellt werden, damit die Überlebenden sich in den warmen Monaten erholen können und die Jungenaufzucht erfolgreich verläuft. Gerade daran hapert es jedoch. Denn neben dem Pilz haben Fledermäuse einen weiteren Feind, der vermehrt auftritt. Dieser stammt ironischerweise aus der Naturschutzecke.

Windkraftanlagen stellen tödliche Fallen für Fledermäuse dar. Keine wissenschaftliche Fledermaus-Konferenz, ob in Toronto oder Berlin, läuft heutzutage ohne eine Krisensitzung über Windenergie ab, denn das Problem herrscht in Nordamerika genauso wie in Europa oder auf der Südhalbkugel. Fledermäuse haben wie auch Vögel Schwierigkeiten, die Rotorblätter zu orten. Man kann es ihnen kaum vorwerfen, denn immerhin haben diese an der äußersten Spitze eine Geschwindigkeit von über 500 Stundenkilometern! In Baden-Württemberg etwa sterben jährlich etwa 18 Fledermäuse pro Windrad, in Schleswig-Holstein liegt die Zahl bei etwa einem Tier. Schaut man sich die Anzahl und Größe der Windkraftanlagen an, kann man sich das Ausmaß vorstellen. Weltweit sind es Hunderttausende von Tieren, die an Windrädern verenden.

Einer Studie zufolge suchen Fledermäuse gezielt hohe Strukturen in der Landschaft auf, um dort Freunde, Schlafplätze und Nahrung zu finden. Früher waren diese prominenten, freistehenden Strukturen vor allem große, alte Bäume (oder mal ein Kirchturm), doch nun sind es oft Windräder. Je höher das Windrad, desto mehr Fledermäuse sterben daran. Dies soll auf keinen Fall ein Plädoyer gegen die Windkraft sein! Ich bin ein großer Befürworter der erneuerbaren Energien und zum Glück gibt es eine denkbar einfache Lösung. Der Großteil der Tiere stirbt nämlich innerhalb weniger Wochen im Herbst bei geringen Windstärken. Die meisten Windräder gehen bei einer Windstärke von drei Meter pro Sekunde in Betrieb, obwohl die Energiegewinnung hier noch gering ist. Schon eine Erhöhung dieses Schwellenwerts auf vier bis sechs Meter pro Sekunde würde die Sterberate deutlich reduzieren. Durch Kompensationszahlungen könnte man eventuell ein Abstellen für einige Wochen fördern. In Nordamerika gibt es erste Anzeichen für eine derartige Lösung, das macht Hoffnung.

Nachdem die Laborstudien in Saskatoon abgeschlossen sind, fahren wir Ende Mai ein letztes Mal zu unserer Höhle. In weißer Schutzkleidung klettern die Studenten die Hängeleiter hinab. Wir machen uns auf das Schlimmste gefasst: tote, abgemagerte Fledermäuse auf dem Höhlenboden, so wie Kollegen es uns berichtet haben. Aufatmen: keine toten Tiere, kein weißer Pilzbewuchs an den Höhlenwänden. Nichts deutet hier auf die Ankunft des Weißnasen-Syndroms hin. Die Winterschlaf-Daten bestätigen dies, denn auch die Torporphasen weisen keine Anzeichen auf die Ankunft der Krankheit auf. Die Höhle ist leer, und das ist gut so. Die Fledermausdamen sind bereits Anfang Mai verschwunden, gefolgt von den Jungtieren Mitte Mai. Die Männchen hingegen haben dem Höhlenleben erst vor wenigen Tagen Lebewohl gesagt. Über acht Monate hausten sie in dieser kleinen Höhle. Nun war es an der Zeit, den langen Winter für beendet zu erklären und wieder in die Welt des Sonnenscheins zu fliegen. Wir sind erleichtert. Nochmal Glück gehabt, zumindest für einen weiteren Winter. Denn die nächstgelegene nachgewiesene Stelle des Weißnasen-Syndroms liegt nur einige 100 Kilometer östlich von hier entfernt und unsere beflügelten Freunde können diese Distanz locker zurücklegen. Es ist wohl nur eine Frage der Zeit, bis auch hier in Manitoba das große Sterben beginnt.

Kapitel 7

Der Opportunist gewinnt

Torpor bimodal

Es regnet in Strömen. Perfektes Wetter, um einen Schreibtischtag einzulegen. Wir haben uns in der schönen Bibliothek vor Ort gemütlich eingerichtet. Ich überarbeite einen Artikel, der in der Fachzeitschrift *Journal of Comparative Physiology* erscheinen soll, während mein Mann die bisher gesammelten Bilchbeutler-Daten analysiert. Anhand eines Histogramms, eines Balkendiagramms der Häufigkeitsverteilung, stellt er zuerst die Dauer aller Torporphasen grafisch dar. Das Ergebnis ist äußerst spannend. Es ergibt sich eine bimodale Verteilung, eine Häufigkeitsverteilung mit zwei Maxima, auch mehrgipflig genannt. Der erste «Gipfel» liegt bei sechs Stunden, der andere bei 90 Stunden Dauer. Schauen wir zuerst auf die langen Torporphasen: Eine Durchschnittsdauer von knapp vier Tagen und eine Maximaldauer von etwa acht Tagen. Dazu die Tatsache, dass mehrere Torporphasen aneinandergereiht sind, unterbrochen nur durch kurze periodische Aufwärmphasen. Das ist Winterschlaf. Damit ist zum ersten Mal der physiologische Beweis erbracht, dass diese Art im Freiland Winterschlaf nutzt! Wir veranstalten einen kleinen Freudentanz, soweit das in einer Bibliothek möglich ist.

Unsere winterschlafenden Bilchbeutler erwärmen für durchschnittlich fünf Stunden auf ihre normotherme Körpertemperatur von 37 °C, bevor die nächste Torporphase eingeläutet wird. Die torpide Körpertemperatur erreicht Minimalwerte von 4,1 °C, was auch für einen Winterschläfer spricht. Dennoch unterscheiden sich diese Daten entscheidend vom klassischen Winterschlaf aus dem Lehrbuch. Auffällig ist die große Flexibilität der Torpormuster. Selbst Tiere in einem kleinen Gebiet von wenigen Hektar zeigen große Unterschiede in ihrem Torporverhalten, obwohl Wetterbedingungen und Nahrungsressourcen gleich sind. Während ein Tier über 40 Tage im Winterschlaf ist, zeigt ein Tier im Nachbarnest im gleichen Zeitraum nur vereinzelte kurze Torporphasen! Daher sprechen wir in diesem Fall von *opportunistischem Winterschlaf* und grenzen diese Form der Torporausprägung von den strikt saisonalen Ausprägungen des Winterschlafs ab, bei der die ganze Population jedes Jahr wiederkehrend die gleichen Muster zeigt.

Bei der bimodalen Verteilung der Torporphasen dauern die langen Phasen zwischen 38 und fast 190 Stunden an, die kurzen zwischen zwei und 21 Stunden. Es klafft demnach eine Lücke zwischen 22 und 37 Stunden, keine einzige Torporphase zeigt diese Dauer. Dies erinnert an die schon diskutierte Unterteilung in Winterschlaf und Tagestorpor. Und doch handelt es sich bei diesen kurzen Torporphasen nicht um Tagestorpor. Dieser Begriff ist jenen Tierarten vorbehalten, die physiologisch nicht in der Lage sind, eine Torporphase von mehr als 24 Stunden zu zeigen. Unser Bilchbeutler dagegen ist ein Winterschläfer, der kurze und lange Torporphasen zeigt.

Interessanterweise scheinen unsere Bilchbeutler vor dem Beginn einer Torporphase zu «planen», ob es sich um eine lange oder kurze Torporphase handeln wird! Wir konnten einen statistisch signifikanten Unterschied im Zeitpunkt des Beginns einer Torporphase feststellen: Kurze Torporphasen beginnen gegen 8 Uhr, während lange Torporphasen gegen 19:30 Uhr angetreten werden. Der Zeitpunkt für das Ende einer Torporphase ist dagegen bei kurzen und langen Torporphasen gleich: kurz nach Mittag. Grund dafür ist sehr wahrscheinlich das bereits erwähnte passive Erwärmen mit steigender Umgebungstemperatur.

Igel mit Schnabel

Als wir am nächsten Morgen im Untersuchungsgebiet ankommen, erwartet uns ein Rückschlag. Wir wollen ein Weibchen aufspüren, dessen Winterschlafdaten wir gestern in der Bibliothek bewundert haben. Doch ihr Nest ist leer. Seit Wochen hatte sie dort gehaust. Wir kontrollieren alle ihre vorherigen Nester. Nichts. Sie ist wie vom Erdboden verschluckt. Ob sie gefressen wurde? Eine systematische, großflächige Suche ist angesagt. Wir teilen uns auf. Während mein Mann die Messstationen kontrolliert und Daten herunterlädt, beginne ich damit, den Park anhand von sogenannten Transekten zu durchforsten.

Transekte sind imaginäre, gerade Linien durch die Landschaft, die man mithilfe von Kompass oder GPS-Gerät abläuft. Sie können wenige Meter oder viele Kilometer lang sein und stellen eine gängige Methode der Freilandforschung dar, um das Vorkommen einer Art zu erfassen. Zum Beispiel kann man ein Gebiet in Transekte einteilen und die Position aller Amphibien, die man entlang dieser Transekte sichtet (oder hört), notieren. Läuft man die gleichen Transekte zu verschiedenen Tages- oder Jahreszeiten ab, lässt sich dadurch die Amphibiendichte systematisch erfassen. Oder man vergleicht verschiedene Gebiete auf diese Weise.

Zurück am Auto, rüste ich mich für einen mehrstündigen Fußmarsch aus. Dann mache ich mich auf den Weg. In Verbindung bleiben wir ganz altmodisch per Walkie-Talkie, denn Mobilfunkempfang ist hier im Busch nicht gegeben. Etwa alle zehn Meter bleibe ich stehen, stelle den Empfänger an, mache mit der hochgereckten Antenne eine paar langsame Umdrehungen um mich selbst und stelle den Empfänger wieder aus, um Batterien zu sparen. Nach ein paar Stunden bekommt diese Tätigkeit fast etwas Meditatives. Halluzinationen stellen sich ein, immer wieder bin ich ganz sicher, den gewünschten Piep-Ton ganz leise im aggressiven Rauschen des Empfängers zu hören. Leider nur Einbildung, unsere Bilchbeutler-Dame bleibt verschwunden. Einsam ist es hier; wenn der Empfänger ausgeschaltet ist, höre ich nur das ferne Rauschen des Ozeans.

Ein eierlegendes Säugetier, das Winterschlaf hält: der Schnabeligel (Tachyglossus aculeatus).

Zur Mittagspause setze ich mich auf einen alten Baumstumpf. Während ich mein belegtes Brot esse, bemerke ich im Busch neben mir Bewegung. Erde fliegt umher, irgendjemand scheint da schwer beschäftigt zu sein. Es ist ein großer Schnabeligel *(Tachyglossus aculeatus)*, sicher vier Kilogramm schwer, der dort nach Ameisen und Termiten gräbt. Dieses eierlegende Säugetier ist die am weitesten verbreitete einheimische Tierart Australiens! Einen größeren Verbreitungsraum finden wir sonst nur bei der eingeschleppten Hausmaus. In kühleren Lebensräumen wie etwa auf Tasmanien finden sich zwischen seinen Stacheln Haare zur Isolierung. Es gibt dort Schnabeligel-Weibchen, die von Ende Februar bis Ende September Winterschlaf halten, wie eine Studie aus dem Jahr 2002 feststellte. Sieben Monate im Winterschlaf, das lässt sich sehen! Beobachtet wird dies allerdings nur bei Weibchen, die in dem betreffenden

Jahr keine Nachkommen haben. Bekommen sie Junge, ist schon Ende Juli Schluss mit den Torporfreuden. Die Männchen halten es noch kürzer und sind schon ab Mitte Juni wieder aktiv. Die Forscher beschreiben die beobachteten Winterschlafmuster als Zwei-Phasen-Winterschlaf: Die erste Phase bis zur Sonnenwende ist obligatorisch für alle Tiere, während die zweite Phase optional ist und nur in solchen Jahren genutzt wird, in denen die schlechten Nahrungsressourcen keine Fortpflanzung ermöglichen. Gemeinsam ist den Tieren eine periodische Aufwärmphase ungefähr alle elf Tage. Die Dauer der Aufwärmphase beträgt etwa 24 Stunden. Obwohl schon seit dem Jahr 1902 bekannt ist, dass diese Art Winterschlaf hält, sind die genaueren Untersuchungen relativ neu, da Schnabeligel ungern unter Laborbedingungen Torpor machen und erst umfangreiche Langzeit-Feldstudien einen Einblick in ihre Torporgeheimnisse zuließen.

Eines der Geheimnisse der Schnabeligel ist, dass die Männchen torpide Weibchen aufsuchen und sich ohne Einladung mit diesen paaren! Selbst bei Weibchen, die schon befruchtete Eier in sich tragen, ließ sich frisches Sperma an der Kloake nachweisen. Während das Weibchen im tiefsten Torpor ist, wachsen die Embryos in der Gebärmutter heran. Diese Szenen erinnern an einige Fledermausarten: Auch hier hat man mithilfe von Infrarotkameras beobachtet, wie Männchen regungslose Weibchen im tiefsten Torpor begatten. Diese enge Koppelung von Paarung und Torpor zeigt, dass Winterschlaf mehr als ein reiner Überlebensmechanismus sein kann. Tatsächlich ist es eine Periode, die für die Tiere zum Jahresablauf dazugehört und sogar grundlegende Prozesse wie Fortpflanzung nicht ausschließt.

Ich lasse den «Riesen-Igel» in Frieden nach seiner Insektennahrung buddeln und mache mich weiter auf die Suche. Hoffentlich können wir unseren vermissten Winzling in diesem plötzlich so groß erscheinenden Gebiet wiederfinden. Aufgrund des hohen Arbeitsaufwands ist unsere Stichprobe nicht sehr groß. Für viele Laborversuche kann man sich per Katalog eine gewünschte Anzahl von Mäusen bestellen und die Untersuchungen wiederholt unter kontrollierten Bedingungen durchführen. Hier im Feld bei der Arbeit mit Wildtieren ist das anders. Unsere Stichprobe ist zwar ausreichend, um statistische Auswertungen vorzunehmen – sie ist jedoch nicht groß genug, um auf halber Strecke den Verlust einer Kandidatin zu tolerieren. Also weiter!

Am späten Nachmittag beschließen wir per Funk niedergeschlagen, die Suche für heute abzublasen. Es ist wirklich ein Jammer, denn die bisherigen Torpordaten dieses Tieres sind so schön wie aus dem Bilderbuch. Ich bin noch etwa zwei Kilometer vom Auto entfernt und mache mich auf den Rückweg. Obwohl mein Arm schmerzt, halte ich ab und zu an, um eine suchende Runde mit der Antenne zu drehen. Man kann ja nie wissen. Plötzlich ist das Signal so laut und deutlich, dass ich im ersten Moment gar nicht begreife, was los ist. An der Geschwindigkeit der Signaltöne erkenne ich gleich, dass unsere Bilchbeutler-Dame normotherm ist. Aber sie lebt, sie ist hier und die Suche hat sich gelohnt. Und kaum zu glauben, sie hat sich ein verlassenes Vogelnest als Bett ausgesucht! Eine halbe Stunde später sitzen wir erschöpft, aber zufrieden im Auto.

Ein Jahr Winterschlaf

Am kommenden Tag finden wir unsere Ausreißerin torpid im gleichen Nest wieder. Ob sie wohl eine weitere Winterschlaf-Periode eingehen wird oder nur eine kurze Torporphase durchläuft? Die variablen Winterschlafphasen der Bilchbeutler schließen auch die Fähigkeit zum Langzeit-Winterschlaf ein. Eine eng mit unseren Bilchbeutlern verwandte Art, der Östliche Bilchbeutler *(Cercartetus nanus)*, ist sogar ein Weltrekordhalter: Ein ganzes Jahr lang kann er Winterschlaf halten – länger als jedes andere Tier! Bei einer Umgebungstemperatur von 7 °C zeigten die Versuchstiere im Labor die charakteristischen Aufwärmphasen alle zwölf Tage. Sie hatten Zugang zu Wasser, aber Energie wurde allein durch Körperfett bereitgestellt. Und davon hatten sie viel, denn die Tiere waren sehr schwer zu Beginn des Versuchs, viel schwerer als sie in freier Wildbahn werden. Diese Winterschlafbestleistung wurde also nur im La-

Winterschlaf opportunistisch: ein Östlicher Bilchbeutler (Cercartetus nanus) *in einem Waldgebiet nördlich von Sydney. Unter Laborbedingungen hält diese Art den Weltrekord im Winterschlaf.*

bor und unter besonderen Bedingungen gemessen. Freilanddaten waren für den Östlichen Bilchbeutler nicht vorhanden.

Meinen Mann ließ die Frage nicht los, wie sich dieser Rekordhalter unter natürlichen Bedingungen verhält – und schon war wieder eine Fragestellung geboren und ein Feldprojekt geplant! Über zwei Jahre führte er mehrere Feldstudien in einem Waldgebiet nördlich von Sydney durch, ich half ihm für einige Monate dabei. Anstelle eines Wohnwagens hausten wir dieses Mal in einem Zelt hinter einer Tankstelle, denn leider war das Campen im Wald verboten. Nicht gerade romantisch, doch immerhin durften wir die Toiletten benutzen und konnten uns in dem kleinen Café ab und zu hausgemachten Kuchen gönnen. Abgesehen von den Samstagen, an denen sich gefühlt alle Motorradfahrer Australiens dort versammelten, um ordentlich Lärm und Gestank zu verbreiten, ließ es sich hinter der Tankstelle ganz gut leben. Die meiste Zeit verbrachten wir sowieso in dem schönen hügeligen Waldgebiet, umringt von riesigen alten Eukalyptusbäumen.

Die Forschungsmethoden entsprachen denen in Südaustralien. Per Sender untersuchten wir Bewegungsradien, Nest-Wahl und Torpormuster. Um saisonale Aspekte hinzuzuziehen, wurden Sommer- und Winterdaten verglichen. Die Gegend war teilweise sehr steil, der Boden feucht und rutschig. Dichter Unterbewuchs erschwerte zusätzlich das Vorwärtskommen. Mit der großen Antenne und dem Rucksack voller schwerer Batterien war das stundenlange Aufsuchen der Tiere oft sehr mühselig. Dazu kamen noch blutige Socken, verursacht nicht etwa durch falsches Schuhwerk, sondern durch gemeine, kleine Blutsauger, die überall auf uns lauerten: Blutegel. Helle Kleidung war zu empfehlen, dann konnten wir sie oft noch wegschnipsen, bevor sie den Weg auf die Haut fanden. Hatten sie aber erst einmal eine Lücke zwischen Hose und Socke gefunden, so sahen wir sie erst Stunden später wieder – im Schuh, dick und rund von ihrer Blutmahlzeit.

Trotz des mühseligen Vorwärtskommens und der blutrünstigen Gesellen war die Arbeit in dem Waldgebiet wunderbar. Wir sahen Scharen schönster Vögel wie Kakadu, Dornschnabel, Königssittich oder Rosellasittich und beobachteten riesige Warane, die geschickt die Bäume hochkletterten. Wippflöter, Leierschwanz und Jägerliest füllten die Luft mit ihrem Gesang. Und das Wichtigste: Die Bilchbeutler waren kooperativ. Selbst im Sommer fanden wir sie im Torpor, jedoch nur die Männchen und für eine Dauer von maximal vier Stunden. Im Winter dagegen konnten wir Torporphasen von fast sechs Tagen messen – so konnte auch für diese Art bewiesen werden, dass im Freiland Winterschlaf genutzt wird. Jedoch war nach maximal 20 Tagen Schluss – von der einjährigen Winterschlafdauer unter Laborbedingungen sind die Tiere in ihrer natürlichen Umwelt demnach weit entfernt.

Labor ≠ Freiland

Diese großen Unterschiede zwischen Tieren unter natürlichen und künstlichen Bedingungen finden wir oft. Faktoren wie Gewicht, Reproduktionsstatus, Mikroklima oder Jahreszeit ergeben zusammen ein komplexes Geflecht von Auslösern, die die Tiere beeinflussen. Vorsicht ist daher geboten, wenn man Tiere in Gefangenschaft studiert und die Ergebnisse auf Tiere im Freiland übertragen will.

Nicht nur das Verhalten, sondern auch die Physiologie von Tieren kann durch Gefangenschaft beeinflusst werden. So unterscheiden sich die Torpormuster von Kurzkopfgleitbeutlern *(Petaurus breviceps)* in freier Wildbahn stark von solchen Tieren, die in Freigehegen gehalten werden. Torpor wurde im Freiland öfter genutzt (26 Prozent der Tage vs. 8 Prozent), Torporphasen dauerten dort länger (13 Stunden vs. 7 Stunden) und die torpide Körpertemperatur war geringer (19,6 °C statt 25 °C). Feldstudien sind also zentral, um den wirklichen Körpertemperaturschwankungen von Tieren auf die Spur zu kommen. Diese erlauben dann Rückschlüsse auf den Energieverbrauch der Tiere, die wiederum eine notwendige Information ist, um Nahrungsbedürfnisse und damit Ansprüche an den Lebensraum zu verstehen.

Umgekehrt lassen sich manche Fragen besser unter kontrollierten Laborbedingungen untersuchen. Etwa welche Umweltfaktoren Torpor bei Tieren auslösen. Welche Rolle spielen Temperatur, Tageslänge und Nahrungsvorkommen? Zu diesen externen Faktoren kommen noch interne Faktoren wie etwa Alter, Geschlecht, Kondition und Fortpflanzungsstatus des Tieres. Diese Einflüsse im Feld auseinanderzudividieren ist aufgrund der ständigen Schwankungen im Grunde unmöglich. Unter Laborbedingungen lässt sich hingegen die Rolle eines einzelnen Faktors untersuchen, indem man die Änderungen anderer Einflüsse minimiert.

Die Rolle der Tageslänge für das Torporverhalten von Östlichen und Westlichen Bilchbeutlern wurde in einer im Jahr 2017 veröffentlichten Studie unter kontrollierten Bedingungen untersucht. Temperatur und Futtermenge wurden über 19 Monate hinweg konstant gehalten. Unter diesen Bedingungen nutzten Bilchbeutler Torpor in jedem Monat des Jahres, die Intensität änderte sich jedoch im Jahresverlauf. Die Dauer der einzelnen Torporphasen stieg mit abnehmender Tageslänge an, im Winter waren die Torporphasen 60 Prozent länger als im Sommer. Dies unterstreicht den starken Einfluss der Tageslänge auf die Physiologie der Tiere.

Oft ist die Kombination von Freiland- und Laborstudien der beste Weg, um ökophysiologische Fragen zu beantworten: Erst werden ökologische Muster unter natürlichen Bedingungen beobachtet und anschließend spezifische physiologische Fragestellungen unter kontrollierten Bedingungen beantwortet. Oder man überprüft auf Laborarbeit basierende Hypothesen anschließend im Freiland. Der Östliche Bilchbeutler ist, wie gesagt, der Gewinner im Extrem-Winterschlaf in menschlicher Obhut, doch wer besetzt den ersten Platz des internationalen Winterschlafwettbewerbs unter natürlichen Bedingungen?

Kaum zu glauben, aber die längste Winterschlafdauer im Freiland wurde bei einer einheimischen Tierart gemessen, wie Kollegen aus Wien im Jahr 2015 veröffentlichten: dem Siebenschläfer *(Glis glis)*. Elf Monate Winterschlaf bei freilaufenden Individuen – Elfschläfer wäre also der bessere Name! Im Jahr der Rekordleistung war die Mast ausgeblieben, die Tiere erlebten einen energetischen Engpass und reagierten darauf mit einer unglaublich langen Winterschlafdauer. Je länger die Winterschlafdauer, desto problematischer wird es aber in der kurzen verbleibenden Zeit, die für die Weitergabe der eigenen Gene so entscheidenden Nachkommen durchzubekommen.

Bei Extrem-Winterschläfern wie dem Arktischen Ziesel *(Urocitellus parryii)* ist es zeitlich besonders eng: Weibchen dieser an die arktische Tundra angepassten Art können die Monate von Juli bis April im Winterschlaf verbringen. Wenn sie im April aus ihren Nestern kommen, sind sie innerhalb von zwei bis vier Tagen fruchtbar und paaren sich innerhalb von sechs Tagen mit meist zwei Männchen. Zu dieser Zeit ist es noch immer klirrend kalt (bis zu −41 °C!) und 70 Prozent des Bodens sind von Schnee bedeckt. Innerhalb des ersten Aktivitätsmonats verlieren sie bis zu 55 Prozent ihres Körpergewichts, denn erst Mitte Mai ist wieder ausreichend Nahrung vorhanden. Sie müssen also ihre energetisch teure Trächtigkeit, die 25 Tage dauert, unter schwierigen Bedingungen verbringen. Anfang Juli sind die Jungtiere aus dem Haus. Anschließend widmen die Weibchen bis zu elf Stunden täglich der Nahrungssuche, um ausreichend Fettpolster für den Winterschlaf anzulegen. Das klingt nach einer stressigen Zeit!

Wie gehen die Tiere mit diesem Stress um, wollten Forscher in einer im Jahr 2015 veröffentlichten Studie wissen. Dazu untersuchten sie die Hormonspiegel von Zieseln im Yukon, mit besonderem Augenmerk auf den Glucocorticoiden. Diese Hormongruppe ist sowohl für die thermoregulatorischen Abläufe im Gehirn als auch für die Entwicklung der Embryos entscheidend. Die Werte der Glucocorticoide waren sehr hoch vor und während der frühen Trächtigkeit, nahmen jedoch rapide ab, sobald die Embryos eine gewisse Größe erreichten, um die Entwicklung nicht zu gefährden. Messungen wie diese bei freilaufenden Tieren sind sehr selten, und noch immer verstehen wir viele der Zusammenhänge nicht. Es ist jedoch klar, dass fein abgestimmte hormonelle Abläufe entscheidend dafür sind, den Stress auf einem tolerierbaren Level zu halten.

Beutler auf Bergen

Derartiger Stress ist unserem Bilchbeutler unbekannt. Er steht am entgegengesetzten Ende der Winterschlaf-Intensitäts-Skala. Im Gegensatz zu Siebenschläfer und Ziesel nutzt er Torpor nur ab und zu, und die Winterschlafphasen variieren stark zwischen den Individuen. Gibt es neben diesen opportunistischen Ausprägungen des Winterschlafs in Australien auch obligate, saisonale Winterschläfer? Ja, allerdings nur zwei Arten! Einen davon haben wir schon kennengelernt, den Schnabeligel. Der andere ist ebenfalls ein Bilchbeutler.

Der Bergbilchbeutler *(Burramys parvus)* ist mit 40 Gramm deutlich größer als die beiden bisher besprochenen Bilchbeutler-Arten.

Die Ziesel gehören zu den Winterschlafmeistern unter den Nagetieren, wie das hier abgebildete in Nordamerika beheimatete Richardson-Ziesel (Urocitellus richardsonii).

Warum ist dieser Bilchbeutler nun ein saisonaler Winterschläfer, während die beiden anderen opportunistische Winterschläfer sind? Der Grund dafür ist sein Lebensraum: Berge. Sogar richtige Skigebiete gibt es mitten in Australien. Gut, an den stolzen Mont Blanc mit seinen fast 5000 Metern kommen die Australischen Alpen nicht heran – ihre höchste Erhebung ist gerade einmal 2000 Meter hoch, aber für einen ausgeprägten Winter mit reichlich Schneefall reicht es allemal. Hier lebt der Bergbilchbeutler, und als Antwort auf den Schnee zieht er sich zu einem waschechten, saisonalen Winterschlaf zurück.

Die Winterschlafsaison beginnt im australischen Spätherbst (= April), noch vor dem ersten Schneefall. Wie bei vielen Winterschläfern sind die Torporphasen zu Beginn und gegen Ende des Winterschlafs kürzer und nicht so tief wie im Mittwinter. Die Körpertemperatur sinkt bei freilebenden Tieren in den ersten Wochen auf 7 °C ab, später dann auf 2 °C. In einem Laborversuch konnte ein unterer Schwellenwert von 2 °C bestätigt werden, hier ist der Sauerstoffverbrauch minimal (0,033 Milliliter Sauerstoff pro Gramm und Stunde). Selbst geringe Abweichungen von dieser Umgebungstemperatur verursachen einen signifikanten Anstieg im Energieverbrauch torpider Tiere. Zum Beispiel bedeutet eine Erhöhung der Umgebungstemperatur auf nur 8 °C für die Bergbilchbeutler schon eine Steigerung des Sauerstoffverbrauchs um 30 Prozent! Noch weitreichender ist eine Reduzierung der Umgebungstemperatur unter den Schwellenwert: Wird das Tier beispielsweise einer Temperatur von 0 °C ausgesetzt, so muss es den Stoffwechsel um das Achtfache (auf 0,27 Milliliter Sauerstoff pro Gramm und Stunde) steigern, da es plötzlich den Wärmeverlust an die Umgebung durch interne Wärmeproduktion ausgleichen muss, um seine Körpertemperatur zu verteidigen.

Nicht nur die Energieeinsparungen sind stark abhängig von der Umgebungstemperatur, sondern auch die Länge der einzelnen Torporphasen. Bei 2 °C erreichen sie eine maximale Länge von 14 Tagen, bei 8 °C verkürzt sich das auf neun Tage und bei 0 °C sogar auf nur sechs Tage. Kürzere Torporphasen bedeuten automatisch mehr teure Aufwärmphasen über den Winter verteilt, was auch wieder kostbare Energiereserven frisst. Diese Zahlen zeigen sehr deutlich, dass schon geringe Schwankungen der Umweltbedingungen das fein austarierte Energiegleichgewicht von Winterschläfern stören. Daher bringen selbst kleine Änderungen der Umgebungstemperatur im Zuge des Klimawandels weitreichende Folgen für Winterschläfer mit sich. Alpine Winterschläfer wie der Bilchbeutler haben das Problem, dass sie nicht weiter «nach oben» ausweichen können, wenn warme Temperaturen oder wandernde Schneefallgrenzen ihr derzeitiges Habitat für sie unbewohnbar machen. Der Bergbilchbeutler steckt in besonders großen Schwierigkeiten. Zusätzlich zu den Temperaturänderungen und den damit einhergehenden Folgen für sein Winter-Energie-Budget werden immer größere Flächen seines Lebensraums in touristische Skigebiete umgewandelt. Die Populationsgrößen sind rückläufig, die Art gilt laut der Weltnaturschutzorganisation IUCN (International Union for Conservation of Nature) als *critically endangered*, vom Aussterben bedroht.

Kaltes Herz

Auch wenn die Winterschlafsaison unserer Westlichen Bilchbeutler nicht saisonal und weniger intensiv ausgeprägt ist, so ermöglicht sie doch große Energie-Einsparungen. Eine Laborstudie aus dem Jahr 1987 zeigt, dass die Tiere bei einer torpiden Körpertemperatur von 4,7 °C eine Stoffwechselrate von 0,046 Milliliter Sauerstoff pro Gramm und Stunde haben. Dies entspricht einer Reduktion von über 99 Prozent im Vergleich zum normothermen Zustand und steht damit den saisonalen Winterschläfern in nichts nach! Wenn der Stoffwechsel so extrem abfällt und die Körpertemperatur ohne die interne Wärmeproduktion schnell auf Umgebungstemperatur absinkt, was passiert dann eigentlich mit dem Herz?

Das Herz unterliegt der Steuerung des vegetativen Nervensystems, auch autonomes Nervensystem genannt. Wie der Name schon sagt, arbeitet es unabhängig von unserem Willen. Das vegetative Nervensystem ist für die Steuerung der inneren Organe zuständig und damit essentiell zur Aufrechterhaltung der Homöostase des Körpers durch ein stabiles Zusammenspiel von Herz, Darm, Blase, Lunge, Drüsen und Blutgefäßen. Ihm gegenüber steht das somatische Nervensystem, dem Skelettmuskeln und Sinnesorgane unterliegen und das willentlich gesteuert werden kann. Das macht Sinn:

Wir können zwar unseren Beinmuskeln befehlen zu rennen, doch wir können nicht willentlich die Aktivität unserer Darm- oder Herzmuskulatur beeinflussen.

Das vegetative Nervensystem ist aus zwei Teilen zusammengesetzt, dem sympathischen und dem parasympathischen Nervensystem. Stark vereinfacht gesagt ist der Sympathikus für Änderungen verantwortlich, die Fluchtverhalten begünstigen (zum Beispiel Herzleistung und Blutdruck hochregulieren, schnelle Energielieferanten mobilisieren), während der Parasympathikus die Erholung fördert (Aktivität reduzieren, Verdauung anregen). Für das Herz gilt das ebenso: Das parasympathische Nervensystem hat einen negativen *chronotropischen Effekt* auf das Herz, es verlangsamt die Herzschlagfrequenz, während das sympathische Nervensystem einen gegenteiligen positiven Effekt hat, der den Puls erhöht. Man geht davon aus, dass die Kontrolle des torpiden Herzens zum großen Teil dem Parasympathikus unterliegt. Laut einer Laboruntersuchung aus dem Jahr 1989 ist die Temperatur, bei der ein isoliertes Herz zum Stillstand gebracht wird, von der Torporausprägung abhängig: Kann eine Tierart keinen Torpor nutzen, so hört ihr Herz bei 13 °C auf zu schlagen, geht es in Tagestorpor, so liegt die Herzensbrecher-Temperatur bei 7 °C, bei einer winterschlafenden Art hingegen liegt sie bei 1 °C. Diese Temperaturen sind zwar artspezifisch und nicht als feste Größen anzusehen, aber der Vergleich ist dennoch beeindruckend.

Die Rolle des parasympathischen Nervensystems für die Herzregulation im Torpor wurde im Jahr 2003 beim Westlichen Bilchbeutler untersucht. Man nutzte dafür den Stoff Atropin, einen Antagonisten des Parasympathikus. Das bedeutet, dass Atropin mit einem körpereigenen Neurotransmitter namens Acetylcholin um Rezeptoren konkurriert, die für die Funktion des parasympathischen Nervensystems entscheidend sind. Der Herzschlag änderte sich bei mit Atropin behandelten Tieren signifikant. Bei der Kontrollgruppe lag die Herzschlagfrequenz bei etwa 18 Schlägen pro Minute. Die Atropin-Versuchsgruppe zeigte dagegen eine signifikant erhöhte Herzschlagfrequenz von 44 Schlägen pro Minute. Die Ergebnisse unterstreichen die entscheidende Rolle des Parasympathikus für die

Regulation des Herzens im Torporzustand bei Beuteltieren. Sie unterscheidet sich nicht von der plazentaler Säugetiere.

Messungen der Herzschlagfrequenz können ein exakter Indikator für den Energieverbrauch sein. Bei Fledermäusen wurde im Jahr 2014 erstmals gezeigt, dass dies auch im Torporzustand zutrifft. Durch aufgeklebte Elektroden am Unterarm konnte der Herzschlag nicht-invasiv gemessen werden, während normale Stoffwechselmessungen durchgeführt wurden. Die Herzschlagfrequenz ist stark temperaturabhängig, wie es vom Stoffwechsel bekannt ist. Im normothermen Zustand bei einer Umgebungstemperatur von 25 °C schlug das kleine Fledermausherz fast 230 Mal pro Minute, bei 5 °C erhöhte sich die Zahl auf über 700 Schläge. Bei torpiden Tieren betrug die Herzschlagfrequenz bei 25 °C nur 144 Schläge und bei 1 °C verringerte sich dies auf unglaubliche acht Schläge pro Minute! Entsprechend der Reduktion im Stoffwechsel verringert sich im Torporzustand demnach auch die Herzleistung um bis zu 96 Prozent.

Passives Erwärmen

Mein eigenes Herz schlägt höher, als ich am kommenden Morgen aus dem Auto steige und mir warme Luft ins Gesicht weht, der Sonnenaufgang den Himmel bunt färbt und der Ozean sanft in der Ferne rauscht. Die Temperatur ist deutlich höher als in den vergangenen Tagen, der Winter scheint sich zu verabschieden. Vor wenigen Tagen war nur noch einer unserer Bilchbeutler im Torpor. Wir laufen zum Nest dieses Tieres und schließen unseren Laptop an die Messstation an. Anhand der über den Bildschirm flatternden Zahlenkolonnen können wir gleich erkennen, dass auch dieses Tier nun seinen Winterschlaf beendet hat. Seit Tagen kein Torpor mehr.

Insgesamt haben wir an über 60 Prozent unserer Untersuchungstage torpide Körpertemperaturen gemessen. Wir wollen eventuelle Auslöser identifizieren und werfen dafür einen Blick auf die Umgebungstemperatur und auf das zeitliche Vorkommen der Torporphasen. Nächte, in denen wir Bilchbeutler torpid finden, sind signifikant kälter als solche, in denen die Tiere ihre normotherme Körpertemperatur beibehalten. 8 °C scheint ein Schwellenwert zu sein. Genauso sind Tage, an denen die Tiere eine Aufwärmphase zeigen, wärmer als solche, an denen sie torpid bleiben. 13 °C ist hier wohl ein Schwellenwert, der die Tiere aus dem Schlummer lockt. Dies hat energetische Gründe.

Bei genauerer Analyse der Daten stellen wir fest, dass Bilchbeutler ihre Aufwärmphasen mit dem Anstieg der Umgebungstemperatur synchronisieren. Die ersten 2 °C der ansteigenden Körpertemperatur sind lediglich auf die sich erwärmende Nesttemperatur zurückzuführen und sind damit für die Tiere umsonst. Zu sehen ist dies am Kurvenverlauf der Körpertemperatur. Wird passiv aufgewärmt, so steigt die Kurve langsam mit der Umgebungstemperatur an. Sobald die innere Wärmeproduktion angeworfen wird, hebt sich die Körpertemperaturkurve von der Umgebungstemperaturkurve ab und zeigt die charakteristische Steigung einer endogenen, inneren Erwärmung.

Diese Schlussfolgerungen beruhen auf Laboruntersuchungen an vergleichbar großen Beuteltieren. Denn erst gleichzeitige Messungen von Körpertemperatur und Sauerstoffverbrauch erlauben eine genaue Analyse der Thermoregulation. Wenn Tiere einem Temperaturprofil ausgesetzt sind, das die täglichen Temperaturschwankungen im Freiland widerspiegelt, so zeigt sich, dass der Anfang der Aufwärmphase mit dem Anstieg der Umgebungstemperatur synchronisiert wird. Zu diesem Zeitpunkt sehen wir einen Anstieg der Körpertemperatur ohne eine Änderung des Sauerstoffverbrauchs (abgesehen vom reinen Temperatureffekt). Erst bei einem gewissen Schwellenwert, meist um die 20 °C, steigt plötzlich der Sauerstoffverbrauch stark an, jetzt wird die endogene Wärmeproduktion angeworfen. Zu diesem Zeitpunkt ändert sich dann die Steigung der Körpertemperaturkurve. Durch passives Erwärmen können Tiere kostbare Energie für den Aufwärmvorgang sparen und die Gesamtkosten einer Torporphase halbieren. Diese Ergebnisse helfen uns dann dabei, Rückschlüsse auf die Energiebedürfnisse von Tieren im Freiland wie unsere Bilchbeutler zu ziehen, bei denen wir lediglich die Körpertemperatur gemessen haben.

Wichtig an diesen Ergebnissen ist, dass sie sich prinzipiell auch auf andere Kleinsäuger übertragen lassen. Einerseits sammeln wir Informationen über eine bestimmte Tierart, die dann im angewandten Artenschutz Anwendung findet – zum Beispiel: Wie viel Energie braucht ein Tier im Jahresverlauf, welche Anforderungen an seinen Lebensraum lassen sich daraus ableiten, wie viel Fläche in einem Nationalpark ist notwendig, um eine gesunde Population zu unterhalten? Andererseits ist es wichtig, dass auch Aspekte größerer, übergeordneter Fragestellungen angesprochen werden, etwa die Bedeutung der Variation von Umweltfaktoren für das Torporverhalten von Kleinsäugern und wie sich dies auf zukünftige Nutzung und Verschiebungen der Lebensräume auswirken kann.

Unsere Feldsaison neigt sich dem Ende entgegen. Wir sind zufrieden, wir konnten neue Erkenntnisse über den so wenig bekannten opportunistischen Winterschlaf im Freiland und damit über die Überlebensstrategien von Kleinsäugern gewinnen. Insgesamt gibt es in Australien nur wenige Tierarten, die Winterschlaf zeigen. Allerdings nutzen geschätzte 43 Prozent aller australischen Beuteltierarten Torpor. Tagestorpor ist bei unvorhersehbaren Umweltbedingungen folglich groß im Rennen und unsere Bilchbeutler stellen eine Ausnahme dar.

Die Aussicht auf eine Nacht in einem richtigen Bett ist nach Monaten auf der durchgelegenen dünnen Schaumstoffmatratze im betagten Wohnwagen nicht zu verachten. Insgesamt jedoch verabschiede ich mich schweren Herzens von Wellen, Walen, Wein und unseren Possums. Fragil und angreifbar wirken unsere Bilchbeutler in ihrem kleinen geschützten Stück Lebensraum, umgeben von endlosen Schafweiden und Weinreben. Auch wenn die Art an sich nicht akut bedroht ist – die IUCN beschreibt ihren Status als *least concern* (nicht gefährdet) – so setzt ihr der fortschreitende Lebensraumverlust doch vermehrt zu. Unter den Industrienationen ist Australien Vorreiter in der Zerstörung von marinem und terrestrischem Lebensraum. Und noch einen traurigen Titel trägt Australien: erster Platz im Artensterben unter den Säugetieren!

50 Prozent aller weltweit in den vergangenen zwei Jahrhunderten ausgestorbenen Säugetiere waren australisch. Aus australischer Perspektive gesehen bedeutet dies: 30 Säugetierarten, das sind 10 Prozent aller Landsäugetierarten Australiens, sind seit dem Jahr 1788 ausgestorben! Weitere 20 Prozent der Arten gelten als bedroht. Der Hauptgrund dafür sind eingeschleppte Tiere, allen voran Katze *(Felis catus)* und Rotfuchs *(Vulpes vulpes)*, die Europäer im Zuge der Besiedlung Australiens mitbrachten. Der Begriff *Besiedlung* ist in diesem Zusammenhang heftig umstritten – *Invasion* gilt als zutreffender, denn zu diesem Zeitpunkt lebten auf dem Kontinent schätzungsweise 750 000 Aborigines, deren Kultur zu den ältesten weltweit zählt. Einer im März 2017 in der hochrangigen Fachzeitschrift *Science* veröffentlichten Studie zufolge erfolgte die Erstbesiedlung Australiens vor 50 000 Jahren in einem einzigen Kolonisierungsprozess. Schwierigen Bedingungen zum Trotz verteilten sich die Menschen über den gesamten Kontinent und entwickelten dabei über 500 verschiedene Sprachen und Dialekte. Die indigenen Völker wurden von den Europäern gewaltsam von ihrem Land vertrieben und zu Zehntausenden ermordet. Eingeführte Krankheiten verursachten zusätzliches Massensterben. Zwischen den Jahren 1900 und 1970 (!) wurden etwa 25 000 Kinder grausam aus den Familien gerissen und in Heime gesteckt. Heute machen Aborigines nur etwas mehr als zwei Prozent der Population Australiens aus (das entspricht etwa 450 000 Menschen), meist leben sie in großer Armut. Trotz des im Februar 2008 vom damaligen Ministerpräsidenten Kevin Rudd ausgesprochenen offiziellen *Sorry* steht eine öffentliche Aufarbeitung des Völkermords immer noch aus.

Die Engländer wollten in ihrer neuen Heimat weiterhin ihre traditionelle Fuchsjagd betreiben und setzten dafür Füchse aus. Außerdem brachten sie zu Beginn des 19. Jahrhunderts Katzen mit, die sich innerhalb von 100 Jahren fast über den gesamten Kontinent ausbreiteten. Die große physiologische Flexibilität der Katzen ermöglicht es ihnen, in den verschiedensten Lebensräumen zu überleben, inklusive der Trockengebiete, denn sie können erstaunlicherweise ohne frei verfügbares Trinkwasser auskommen. 90 Prozent ihrer Nahrung besteht aus Säugetieren, davon sind die eine Hälfte einheimische Tierarten, die andere Hälfte Kaninchen (die als Neozoen selber eine Plage wurden). Katzen und Füchse setzten der heimischen Fauna stark zu, die sich so lange ungestört entwickeln konnte.

Nachdem Australien und Neuguinea von dem Superkontinent Gondwana abgedriftet waren, dem unter anderem noch Afrika, Südamerika und die Antarktis angehört hatten, war die Natur in Australien 50 Millionen Jahre lang isoliert von äußeren Einflüssen. Über 80 Prozent aller Tierarten Australiens sind endemisch, sie sind demnach nur hier und nirgendwo sonst zu finden. Von den nichtendemischen Arten sind fast alle Arten Fledermäuse. Das ökologische Gleichgewicht war fein ausbalanciert. Die Einfuhr von Neozoen hatte (und hat) katastrophale Folgen für diese einzigartige Tierwelt.

Zu den zerstörerischen Neozoen gehören nicht nur Raubtiere und Kaninchen, sogar eine Amphibienart verursacht in Australien dramatisches Sterben. Ursprünglich eingeführt wurde die Aga-Kröte (*Rhinella marina,* früher *Bufo marinus*) aufgrund ihres großen Appetits auf Schädlinge, die in den Zuckerrohrplantagen in Queensland zu großen Ernteverlusten führten. 101 Tiere wurden im Jahr 1935 aus Hawaii geholt, lokal gezüchtet und dann in den Feldern freigelassen. Leider wurde nicht bedacht, dass die großen Kröten ein giftiges Sekret aus Drüsen absondern und dadurch zur tödlichen Nahrung für andere Tiere werden. Viele einheimische Tiergruppen wie Krokodile, Echsen und Raubbeutler erleiden durch den Konsum von Aga-Kröten dramatische Populationseinbrüche. Die Invasionsgeschwindigkeit hat sich in den vergangenen 80 Jahren verfünffacht. Ein anderer Aspekt ist, dass die Kröten in neugebildeten Populationen längere Beine haben als in alt etablierten. Dies ist ein eindrucksvolles Beispiel von *Rapid Evolution,* Evolution im Eiltempo. Kröten können in einer einzigen Nacht knapp zwei Kilometer zurücklegen. Mehr als eine Million Quadratkilometer groß ist ihr Verbreitungsgebiet im tropischen und subtropischen

Australien inzwischen und ein Ende der Ausbreitung ist nicht in Sicht. Wer hätte gedacht, dass eine Kröte so viel Zerstörung verursachen kann?

Zusätzlich zu den eingeschleppten Arten setzte die veränderte Landnutzung durch die Europäer der Natur Australiens zu. Flora und Fauna sind stets engmaschig durch gegenseitige Wechselwirkungen verflochten. Ursprüngliche Vegetation wurde (und wird) großflächig in Weide- und Ackerflächen umgewandelt. Experimente, in denen Weidevieh durch Zäune von bestimmten Untersuchungsgebieten ausgegrenzt wird, verdeutlichen das Regenerationspotenzial der ursprünglichen Pflanzenwelt. Erste positive Änderungen geschehen schon in kurzer Zeit auf kleiner Fläche (etwa auf Flächen von einem Quadratmeter, umzäunt für zwei Jahre), wohingegen langfristige Effekte nur zu erreichen sind, wenn das Land bis zu 20 Jahre nicht beweidet wird. Leider wird der Natur diese Verschnaufpause nur sehr selten gegönnt. Auch ein veränderter Umgang mit Feuer spielt eine große Rolle beim Verlust natürlicher Lebensräume. Aborigines haben eine lange Kultur des kontrollierten Feuerlegens, als Hilfsmittel bei der Jagd, aber auch um Unterholz und anderes leicht brennbares Material zu minimieren und damit verheerende Brände zu vermeiden. Dieses Wissen wurde viel zu lange ignoriert, schwere Waldbrände waren und sind die Folge.

Aufgrund dieser Faktoren sind viele Tierarten Australiens inzwischen nur noch in Bruchteilen ihres ursprünglichen Verbreitungsgebiets zu finden. Im Extremfall sind dies ein paar kleine, vorgelagerte Inseln, die noch frei sind von Katzen und Füchsen. Hier oder in Aufzuchtstationen wird versucht, die Arten am Leben zu halten. Doch was sind deren langfristige Perspektiven?

Einen ersten Einblick in diese schwierige Frage erhielt ich bei der Mitarbeit an einem Artenschutzprojekt in Shark Bay an der Westküste Australiens. Dort haben wir mit zwei stark bedrohten Wallaby-Arten gearbeitet, die in diesem Teil Australiens nur noch auf Inseln überlebt haben. Das Projekt untersuchte die Bewegungsradien der Tiere nach der Freilassung aus der Aufzuchtstation, um darauf basierend Schutzstrategien entwickeln zu können. Die Wallabys wurden unter großem Aufwand aufgezogen und dann mit

Sendern ausgestattet in ein kleines Gebiet entlassen. Wir selber wurden für einen Monat nachtaktiv, um ihre nächtlichen Streifzüge zu dokumentieren. Allerdings kam das Projekt zu einem jähen Ende, als eine Katze trotz Elektrozaun in das Forschungsgebiet gelangte und alle Tiere innerhalb kürzester Zeit getötet wurden. Da diese extrem anpassungsfähigen Jäger über den Hunger hinaus töten und sich schwer kontrollieren lassen, sind sie ein großes Hemmnis für Wiederansiedelungsprojekte in Australien.

Bei der Arbeit mit Tieren, die in freier Wildbahn so kurz vor dem Aussterben stehen, drängen sich Fragen fast schon philosophischer Natur auf: Soll man eine Art um jeden Preis erhalten? Welcher Aufwand ist dafür gerechtfertigt? Welche Zukunft hat diese Art, wenn ihr ursprünglicher Lebensraum verschwunden ist? Wie lebenswert ist ein Leben ohne Artgenossen, ohne Lebensraum? Was wird aus einer Art ohne Umwelt, die das Tun und Handeln der Individuen bestimmt? In Australien sind Fragen wie diese aktueller denn je. Leider findet diese Problematik auf politischer Ebene derzeit kaum Gehör. Für unsere Bilchbeutler und alle anderen einheimischen Wildtiere Australiens hoffe ich auf ein baldiges Umdenken, um die wunderbare Natur mit ihren liebenswerten tierischen Bewohnern zu erhalten – ob sie nun Winterschlaf halten oder nicht.

Kapitel 8

—

Affen ohne Regeln

Wie man sich bettet

Kopfschüttelnd sitzt die Forscherin vor dem Laptop. Irgendetwas scheint mit diesen Daten nicht zu stimmen. Während der vergangenen Monate wurden die schönsten Torpormuster aufgezeichnet. Die Körpertemperatur der Tiere erhöht sich passiv durch die Schwankungen der Umgebungstemperatur neun Stunden lang vom Tagesminimum früh morgens bis zum Tagesmaximum am Abend und kühlt dann in den folgenden 15 Stunden wieder aus. Eine Temperaturspanne von über 20 °C kann auf diese Weise abgedeckt werden. Derart hohe Schwankungen der Körpertemperatur eines Winterschläfers im Tagesverlauf sind zuvor noch nie aufgezeichnet worden. Eine hohe Temperaturamplitude – so weit, so gut. Doch dieser Umstand an sich verursacht nicht das ungläubige Kopfschütteln. Nein, diesen Winterschlafmustern fehlt ein elementarer Aspekt, der die anderen Winterschläfer dieser Welt vereint: Aufwärmphasen.

Nicht eine einzige Aufwärmphase ist auf der Grafik zu sehen. Das ist unmöglich, es müssen doch irgendwo Datenlöcher entstanden sein, aufgrund derer die Aufwärmphasen verpasst wurden. Nein, dieses Individuum ist seit 70 Tagen im Torporzustand ohne eine Aufwärmphase. Diese Affen scheinen alle Winterschlafregeln zu missachten! Ungläubig wendet sich die Lemurenexpertin den Daten des nächsten Tieres zu – und wieder bietet sich das gleiche Bild: 63 Tage im Torpor ohne Unterbrechung. Beim dritten Tier ist

Trockenwald im Westen Madagaskars, Heimat der winterschlafenden Lemuren. Im Hintergrund ein für die Gegend charakteristischer Baobab-Baum, der gern als Winterschlafquartier genutzt wird.

dann wiederum alles anders. Dieses Individuum zeigt kaum tägliche Schwankungen in der Körpertemperatur, dafür sind die vertrauten periodischen Aufwärmphasen zu sehen. Wie im Lehrbuch wird die Körpertemperatur einmal wöchentlich auf normotherme Werte hochgefahren. Auch beim folgenden Tier ist es das Gleiche. Wie kommt es zu diesen stark unterschiedlichen Ergebnissen und wie kann ein Tier zwei Monate im Torporzustand überleben?

Um diesen Fragen nachzugehen, nimmt die Forscherin die aufgenommenen Körpertemperaturprofile noch einmal genau unter die Lupe. Die täglichen Schwankungen der Körpertemperatur scheinen mit dem Auftreten und Fehlen von Aufwärmphasen in Zusammenhang zu stehen: große Schwankungen = keine Aufwärmphasen; geringe Schwankungen = periodische Aufwärmphasen. Plötzlich hat sie eine Idee, schnappt sich ihre Radio-Tracking-Ausrüstung und verschwindet im Wald. Sie will sich die Position der Nester aller ihrer Schützlinge noch einmal genau ansehen und verbringt den ganzen Tag damit, alle Bäume zu vermessen, die als Behausung dienen. Der Umfang der Bäume, die Höhe des Nestlochs, die Position des Nestes innerhalb des Baumes, die Dicke des Stammes um das Nestloch herum und noch weitere Merkmale werden genau notiert.

Ihr Verdacht bestätigt sich. Es gibt einen direkten Zusammenhang zwischen den Nestgegebenheiten und den Winterschlafmustern. Die Wahl des Baumes hat einen direkten Einfluss auf die Torporausprägung, denn sie bestimmt die Isolierungsleistung, die das Nest auszeichnet. Je größer der Baumumfang, desto weniger variiert die Nesttemperatur. Das ist logisch: Je mehr Isolierung wir an der Hauswand anbringen, desto weniger wird die Raumtemperatur von den Außentemperaturen beeinflusst. Tief in Baumstämmen befinden sich einige Nester, die dort von einer mehr als 20 Zentimeter dicken Baumrinde umgeben sind. Dementsprechend sind die Nesttemperaturen von den täglichen Schwankungen der Umgebungstemperaturen weitestgehend abgeschirmt. Tiere, die in solchen Nestern hausen, zeigen wöchentliche Aufwärmphasen, wie wir sie von Igel, Fledermaus & Co kennen. Wählt ein Lemur aber nun einen dünnen Baum, erhält sein Nest wenig Dämmung vor der Umgebungstemperatur und dementsprechend fluktuiert seine Körpertemperatur stark im Tagesverlauf.

Die Lemuren, die sich für ein Nest in einem dünnen Baum entschieden haben, wurden über Nacht zur biologischen Weltsensation. Periodische Aufwärmphasen alle paar Wochen waren bis dahin als ein absolutes physiologisches Muss des Winterschlafs angesehen worden. Dementsprechend wirbelten die Ergebnisse dieser Studie, die im Jahr 2004 in der hochkarätigen Fachzeitschrift *Nature* veröffentlicht wurde, die Winterschlafforschung gehörig auf.

Die Fähigkeit, ohne Aufwärmphasen überleben zu können, ist jedoch keine Besonderheit der Primaten. Inzwischen weiß man, dass auch winterschlafende Igel-Tenreks *(Tenrec ecaudatus)* und Schwarzbären *(Ursus americanus)* diese ungewöhnlichen Muster zeigen. Nein, das Entscheidende an der Entdeckung ist Folgendes: Die Dünnbaum-Bewohner brauchen keine Aufwärmphasen, da ihre Körpertemperatur mit der Umgebungstemperatur so stark schwankt, dass sie auch im Torpor passiv auf über 30 °C ansteigt. Sobald dieser Temperaturschwellenwert überschritten wird, scheint eine durch innere Körperwärme teuer bezahlte Aufwärmphase überflüssig zu werden. Für Tenreks liegt dieser Schwellenwert bei 22 °C. Die Daten beweisen zweifelsfrei, dass eine Körpertemperatur oberhalb eines bestimmten Wertes das alleinige Ziel ist. Und wird diese Temperatur passiv erreicht, können die physiologischen Funktionen, die normalerweise eine Aufwärmphase übernimmt, im torpiden Zustand erfüllt werden.

Schlaflos im Winterschlaf

Die genauen Gründe für die periodischen Aufwärmphasen bei Winterschläfern sind nach wie vor unbekannt. Wie schon erwähnt sind verschiedene Gründe in der Diskussion, etwa die Aktivierung der Immunabwehr, die Organregeneration, das Ausscheiden von Stoffwechselgiften oder das Nachholen von Schlaf. Wahrscheinlich ist es nicht nur ein einziger Grund, sondern eine Kombination aus vielen Gründen, die die Aufwärmphasen notwendig machen. Schlaf ist auf den ersten Blick der überraschendste Grund in dieser Auflistung. In der Tat ist aber der herkömmliche Begriff Winterschlaf denkbar irreführend, eine unglückliche Wortwahl aus längst vergangener Zeit, denn tatsächlich können Tiere im Winterschlaf nicht schlafen. Torpor und Schlaf sind zwei funktionell völlig unterschiedliche Zustände. Nicht nur das, der eine Zustand schließt den anderen aus!

Im Winterschlaf baut sich ein Schlafdefizit auf. Eine neurologische Studie aus dem Jahr 1991 verdeutlicht dies mit winterschlafenden Zieseln *(Urocitellus parryii)*. Die Tiere zeigen im Torporzustand keine Schlafphasen, nur während der periodischen Aufwärmphasen können die für Schlaf charakteristischen Gehirnaktivitäten gemessen werden. Folglich akkumulieren Tiere im Torporzustand einen Schlafmangel, der nur bei normothermer Körpertemperatur ausgeglichen werden kann. Auch heterotherme Tierarten, die Tagestorpor nutzen, schlafen, sobald sie aus dem Torporzustand herauskommen, wie am Beispiel des Dsungarischen Zwerghamsters *(Phodopus sungorus)* gezeigt wurde.

Erschwerend kommt hinzu, dass wir nicht genau wissen, warum Tiere überhaupt schlafen. Der Schlaf muss einen Zweck erfüllen, sonst würde man diesen Zustand wohl nicht bei den unterschiedlichsten Vertretern des Tierreichs finden, wie etwa Insekten (Fruchtfliege *Drospohila*) oder Fischen (Zebrabärbling *Danio rerio*). Wie eine Studie aus dem Jahr 2008 zusammenfasst, ist Schlaf bei ektothermen Tieren generell sehr wenig erforscht. Von über 30 000 bekannten Fischarten wurden gerade einmal zehn auf Schlafzustände hin untersucht, bei Amphibien sind es sogar nur zwei von 6000 Arten. Viel stärker im Fokus der Forschung sind endotherme Tiere (Säugetiere und Vögel). Sie zeigen, im Gegensatz zu allen anderen Tieren, zwei charakteristische Schlafphasen, die mit dem *Rapid-Eye-Movement* (REM) in Zusammenhang stehen (einige Meeressäuger sind hier eine Ausnahme). In der neurologischen Forschung werden die Schlafphasen anhand der Elektroenzephalografie (EEG) gemessen. Während sogenannten *non-REM-Schlafphasen* werden Tiere bewegungslos, reduzieren ihre Atem- und Herzschlagfrequenz und zeigen verlangsamte EEG-Kurven mit hoher Amplitude. Beim Menschen spricht man umgangssprachlich auch von Tiefschlaf. Während der *REM-Schlafphasen* hingegen sind Muskelzuckungen und die namengebenden Augenbewegungen zu beobachten, Atem- und Herzfrequenz sind erhöht und auch die EEG-Messungen erinnern an den Wachzustand. Beim Menschen wird während des REM-Schlafs von intensiven Träumen berichtet.

Im Schlaf sinkt der Sauerstoffverbrauch. Somit spart Schlafen zwar Energie, doch bei weitem nicht genug, um dies als primären Grund zu rechtfertigen. So wird angenommen, dass im Schlaf wichtige regenerative Vorgänge im Gehirn ablaufen. Schlaf ist eigentlich Zeitverschwendung, denn er hält Tiere davon ab, ihr Hauptziel zu verfolgen: ihre Gene weiterzugeben. In diesem Sinne sollte nur dann geschlafen werden, wenn in dieser Zeitspanne keine wichtigeren Aktivitäten ausgeführt werden können. Für diese Annahme spricht, dass viele Tiere zu bestimmten Zeiten des Jahres ihren Schlafbedarf drastisch reduzieren können, wie etwa zur Zugsaison, während der Fortpflanzungszeit – oder im Winterschlaf.

Wie die meisten Tiere hat der Graubruststrandläufer *(Calidris melanotos)* eine stressige Fortpflanzungszeit. Über drei Wochen hinweg konkurrieren die Männchen um die Gunst der Weibchen. Eine Studie aus dem Jahr 2012 untersuchte die Schlafdauer im Verhältnis zum Fortpflanzungserfolg. Ein Männchen war 19 Tage lang zu 95 Prozent der Zeit aktiv, es schlief also so gut wie gar nicht! Und es wurde belohnt, denn die Männchen mit der geringsten Schlafdauer zeigten die meisten erfolgreichen Paarungen. Wenig Schlaf muss also nicht zwingend zu einer reduzierten Leistungsfähigkeit im Sinne der Gen-Weitergabe führen. Zugvögel müssen nicht nur tagelang ohne Schlaf auskommen, sondern in dieser Zeit auch noch äußerst fit und aufmerksam sein, um die vielfältigen Herausforderungen des energetisch teuren Flugs, der Navigation und der Aufmerksamkeit auf Raubvögel bestehen zu können. Ob Zugvögel im Flug schlafen, ist strittig. Fortschritte bei Miniaturgeräten für Gehirnstrommessungen werden wohl bald mehr verraten.

Zugvögel können jahreszeitliche Schwankungen im Schlafbedarf zeigen. Die Dachsammer *(Zonotrichia leucophrys gambelii)* beispielsweise reduziert ihren Schlafbedarf während der Zugsaison um zwei Drittel. Setzt man ein Tier während dieser Zeit nach Schlafentzug einem Verhaltenstest aus, zeigt es keinerlei Einschränkung im Lernvermögen. Läuft der Test hingegen außerhalb der Zugsaison, führt Schlafentzug zu schlechteren Ergebnissen – der Schlafbedarf ändert sich folglich im Jahresverlauf.

Trotz künstlicher Licht- und Energiequellen werden auch wir Menschen von den Jahreszeiten beeinflusst. Beispielsweise zeigt unser Leptin-Spiegel saisonale Schwankungen. Leptin ist ein Hormon, das an der Regulation von Hunger und Körpergewicht beteiligt ist. Menschen mit saisonal-affektiver Störung (SAD, *seasonal affective disorder*) zeigen bei kurzer Tageslänge depressive Störungen, größeren Appetit und erhöhtes Körpergewicht. Auch haben Schlafstörungen einen Effekt auf das Hungergefühl. Die menschliche Schlafdauer hat im vergangenen Jahrhundert kontinuierlich abgenommen, womöglich erst durch künstliche Lichtquellen und neuerdings durch Computer im Hausgebrauch, die die «produktive Zeit» verlängern. Verschiedenen Theorien zufolge steht Schlafmangel beim Menschen im Zusammenhang mit Übergewicht und Depression. Auch wenn sich viele von uns sicherlich gerne den Winter über in ein warmes Nest zurückziehen würden, ist es vielleicht ganz gut, dass wir durch Winterschlaf nicht ein noch höheres Schlafdefizit akkumulieren – das überlassen wir lieber den Feuchtnasenprimaten.

Wenn Schlaf nur in den Aufwärmphasen nachgeholt wird, was machen dann Westliche Fettschwanzmakis in dünnen Bäumen, die keine Aufwärmphasen zeigen? Es konnte nachgewiesen werden, dass sie im Torpor bei hohen Temperaturen REM-Schlafphasen zeigen. Das bedeutet: Wenn ihre Körpertemperatur hoch genug ist, können sie auch im Torporzustand schlafen. Das wurde bisher noch bei keiner anderen Art beobachtet! Wie andere regenerative Funktionen der Aufwärmphasen kann auch das Schlafdefizit durch die passive Erhöhung der Körpertemperatur auf über 30 °C ausgeglichen werden.

Schlafphasen wurden auch bei zwei anderen Fettschwanzmakis untersucht, dem Rötlichen Fettschwanzmaki *(Cheirogaleus crossleyi)* und dem Rückenstreifen Fettschwanzmaki *(Cheirogaleus sibreei)*. Diese Arten nutzen auch Winterschlaf, ihr Lebensraum sind jedoch bergige Regenwälder und sie vergraben sich dafür in der Erde. Dementsprechend sind sie ganz anderen Umweltbedingungen ausgesetzt. Neurologische Untersuchungen zeigen, dass diese Arten im Torpor keine Schlafphasen kennen, sondern dazu nur während der Aufwärmphasen in der Lage sind. Sie gleichen daher Winterschläfern auf der Nordhalbkugel. Es ist ein weiterer Beweis dafür, dass das Fehlen der Aufwärmphasen und die Fähigkeit, REM-Phasen im torpiden Zustand zu zeigen, nicht etwa besondere Leistungen von Primaten sind, sondern lediglich einen Temperatureffekt widerspiegeln. Je mehr Freilanddaten über tropische Winterschläfer veröffentlicht und ihre Besonderheiten aufgedeckt werden, desto wahrscheinlicher ist es, dass wir weitere unbekannte Aspekte des Winterschlafs verstehen lernen.

Durch dick und dünn

Tagein, tagaus läuft meine Kollegin im Trockenwald alle Nester ab, um Daten über Winterschlafmuster und Stoffwechselkosten zu sammeln. Manchmal werden Nestwechsel beobachtet, doch zum Glück wandern die Fettschwanzmakis nie sehr weit und finden sich meist innerhalb weniger 100 Meter entfernt wieder. Ein Tier wechselt interessanterweise von einem dünnen, schlecht isolierten Baum in ein Nest tief im Stamm eines dicken Baumes. Bei der späteren Datenanalyse lässt sich dieser Wechsel am Körpertemperaturverlauf genau ablesen: Knapp zwei Wochen sind die täglichen hohen Schwankungen ohne Aufwärmphasen zu sehen, dann plötzlich, von einem Tag auf den anderen, ist die Körpertemperatur fast konstant und periodische Aufwärmphasen erfolgen einmal wöchentlich. War das Tier die ständigen Temperaturschwankungen im alten Nest leid oder gab es eventuell energetische Gründe für den Nestwechsel?

Um das zu beantworten werden die Stoffwechselmessgeräte ausgelesen. Das Auslesen an sich ist einfach, aber anschließend müssen

Ein winterschlafender Primat und Meister der flexiblen Torpormuster: der Graubraune Mausmaki (Microcebus griseorufus) *im trockenen Südwesten Madagaskars.*

die riesigen Datenblätter mit Rohdaten von über 20 000 Zeilen pro Messwoche unter Einsatz von speziellen Programmen umfangreichen Formatierungen und Umrechnungen unterzogen werden. Interessanterweise hat die Nestwahl insgesamt keinen Einfluss auf die energetischen Kosten während des Winterschlafs! Es läuft also auf dasselbe hinaus, ob die Temperatur gleichbleibt und einmal wöchentlich Aufwärmphasen «finanziert» werden müssen, oder ob die Temperatur täglich schwankt. Nester in sehr dünnen oder sehr dicken Baumstämmen stellen Extreme dar. Viele Tiere hausen in Nestern, die eine mittlere Isolierungskapazität besaßen, und auch in diesen Fällen sind keine energetischen Unterschiede nachzuweisen. Die Energieeinsparungen der Fettschwanzmakis liegen im Durchschnitt bei etwa 70 Prozent und fallen damit etwas geringer aus als bei Winterschläfern auf der Nordhalbkugel. Das überrascht nicht, da die Einsparungen ja direkt von der aktuellen Umgebungstemperatur abhängig sind.

Erstaunlich ist die große Variation der Winterschlafmuster innerhalb einer Gruppe von Fettschwanzmakis im gleichen Gebiet. Der Meister der flexiblen Torpormuster ist jedoch der Graubraune Mausmaki *(Microcebus griseorufus)*, der im noch trockeneren Südwesten Madagaskars beheimatet ist. Während einige Individuen monatelang im Winterschlaf verweilen, zeigen andere Tiere in unmittelbarer Nachbarschaft über die ganze Trockenzeit verteilt nur kurze Torporphasen, wie eine Studie aus dem Jahr 2011 zeigt. Entscheidend für die Ausprägung der Torpormuster scheint das individuelle Körpergewicht zu sein. So kann durch eine hohe physiologische Flexibilität jedes Individuum seinen energetischen Bedürfnissen entsprechend Torporphasen eingehen. Ein typisches Winterschlafmuster für Primaten gibt es also nicht – zu unterschiedlich sind die Lebensräume, zu flexibel die Individuen in ihren physiologischen Ausprägungen.

Eine blutende Insel

Die nachtaktiven Lemuren zeigen eine erstaunliche Anpassung an ihre verschiedenen Standorte und beeindrucken mit ihrer großen Flexibilität an Torpormustern. Über Jahrmillionen war dies wohl ein Erfolgsrezept für ihr Überleben in Madagaskar. Aber ihre Zukunft ist ungewiss. Mit dem zunehmenden Abholzen der Wälder verschwindet auch ihr Lebensraum – für immer. Die Zerstückelung von großen Waldgebieten (die sogenannte *Habitatfragmentierung*) ist global eine Hauptursache für den Artenrückgang, die zur sogenannten Verinselung führt. In Madagaskar ist das nicht anders.

Die erhalten gebliebenen Fragmente von Waldstücken bieten zwar kurzfristig einen Lebensraum, sind jedoch in der Regel zu klein, um langfristig gesunde Populationen zu versorgen. Analysen von Waldgebieten, die vor 20 bis 40 Jahren durch Rodung fragmentiert wurden, zeigen, dass Lemuren-Populationen mit weniger als 40 Tieren langfristig nicht überleben können. Große Lemuren-Arten wie der Indri *(Indri indri)* benötigen 800 bis 1000 Hektar Waldfläche, um stabile Populationen aufrechterhalten zu können. Doch die küstennahen Waldgebiete im Osten sind fast komplett abgeholzt worden. Von den Trockenwäldern, die einst große Teile der Insel bedeckten, waren schon im Jahr 1990 nur noch 3 Prozent übrig. Nur wenige Gebiete haben mehr als 800 Hektar Fläche. Die bewaldeten Gebiete der Hochebene sind bereits völlig verschwunden.

Nicht nur für die Lemuren, für die gesamte Tier- und Pflanzenwelt Madagaskars sieht es düster aus. Ein Biodiversitäts-Hotspot verabschiedet sich – langsam aber sicher. Etwa 23 Millionen Menschen leben in dem Entwicklungsland, Schätzungen zufolge wird sich diese Zahl in den kommenden 25 Jahren verdoppeln! Der heutige Inselstaat erlangte im Jahr 1960 nach langer Kolonialzeit seine Unabhängigkeit. Die Bevölkerung ist arm, die medizinische Versorgung schlecht (auf 100 000 Einwohner kommen nur 16 Ärzte, in Deutschland sind es zum Vergleich über 450). Die Menschen brauchen Feuerholz, Bauholz, Nahrung und Medizin und nutzen dafür die Wälder. Das Land hat bereits über 90 Prozent seiner ursprünglichen Waldfläche verloren und die Rodung geht weiter. Die dabei freigelegte Erde ist nur für wenige Jahre zum Anbau nutzbar, bevor sie durch Erosion abgetragen und vom Regen weggespült wird. Aus dem Weltall ergibt sich das Bild einer «blutenden Insel»: durch die fruchtbare Erde rot gefärbte Flüsse, die sich von der Hochebene aus in alle Richtungen zum Meer ergießen.

Abgesehen von einigen größeren Schutzgebieten stehen die meisten der verbleibenden Waldflächen als Nutzwald unter der Verwaltung der lokalen Gemeinschaften. Wie nachhaltig diese Nutzung betrieben wird, entscheidet über die Artenvielfalt in den Wäldern. Da nur noch wenig Waldfläche übrig ist, rückt die landwirtschaftlich genutzte Landschaft aufgrund ihrer wichtigen Korridor- und Pufferfunktion immer stärker in den Fokus von Nachhaltigkeitsprojekten. Wird diese Nutzlandschaft durch strukturgebende Landschaftselemente wie etwa Hecken nachhaltig gestaltet, kann sie selber zur Artenvielfalt beitragen und somit die Diversität in den

Schutzgebieten unterstützen, wie eine Studie aus dem Jahr 2017 zeigt.

Der Artenschutz in Madagaskar ist zum Großteil auf kommunaler Ebene angesiedelt. Daher steht und fällt seine Durchsetzung mit der Akzeptanz der lokalen Gemeinschaften. International vereinbarte Schutzgebiete mögen auf dem Papier gut aussehen, aber ihre effektive Durchsetzung scheitert in der Realität leider oft. Sofern die Bevölkerung zum Leben auf den Wald angewiesen ist und es an Alternativen fehlt, wird ihre Ausgrenzung aus Schutzgebieten kaum jemals zum Erfolg führen. Nur gemeinsam erarbeitete Schutzkonzepte können wirkungsvoll sein, sonst führen Verbote lediglich zu illegaler Jagd und Rodung.

Torpide Tiere leben länger

Im Oktober neigt sich die Trockenzeit dem Ende zu. In dieser Übergangszeit werden die Torporphasen der Fettschwanzmakis kürzer und die Tiere verlassen manchmal schon ihr Nest. Neben kurzen Aktivitätszeiten werden jetzt auch vermehrt Nestwechsel beobachtet, jedoch ausschließlich bei Männchen, die sich auf das Ende der Winterschlafsaison vorbereiten. Die Paarungszeit beginnt direkt im Anschluss. Um mehr Aussicht auf Erfolg bei der Weitergabe ihrer Gene zu haben, klettern sie in den letzten Wochen der Winterschlafsaison in das Nest ihres Weibchens.

Fettschwanzmakis bilden lebenslange Pärchen. Außerhalb der Winterschlafsaison schlafen die meisten Paare jeden Tag im gleichen Nest und kümmern sich gemeinsam um die Jungenaufzucht. Es handelt sich jedoch nur um *soziale Monogamie*, nicht um *genetische Monogamie*. Die Paare leben zwar ihr ganzes Leben zusammen, Treue wird jedoch nicht sehr großgeschrieben. Etwa 40 Prozent der Jungtiere werden mit einem Nachbarn gezeugt. Obwohl sie normalerweise gerne kuscheln, suchen sich die Paare für den Winterschlaf (fast) immer getrennte Nester. Wahrscheinlich werden so Störungen vermieden, wenn einer der beiden eine Aufwärmphase zeigt. Interessanterweise ergibt sich unter tropischen Bedingungen kein energetischer Vorteil aus einem gemeinsamen Winterschlafnest, im Gegensatz zu kalten Lebensräumen. Nach vielen Monaten des Getrenntseins suchen die Männchen wieder ihr Weibchen auf, um als Erster zur Stelle zu sein, wenn es mit dem Beginn der Regenzeit seine letzte Torporphase beendet. Auch morphologisch bereiten sich die Männchen auf die Paarung vor: Das Volumen nur eines Hodens ist jetzt größer als ihr Gehirn! Mit dem Ende des Winterschlafs endet auch für meine Kollegin und ihr Team die Feldsaison und die Zelte werden zumindest für einige Monate abgebrochen.

Nachts sind die charismatischen Affen jetzt wieder eifrig unterwegs, um ihre verlorenen Fettreserven aufzufüllen. Zu Beginn des Winterschlafs wogen sie bis zu 300 Gramm, am Ende ist davon knapp die Hälfte verbraucht. Energetisch hat sich der Winterschlaf trotz der tropischen Temperaturen für sie gelohnt: Anstelle von über 100 Kilojoule in der aktiven Zeit betrug ihr täglicher Energieverbrauch während der vergangenen sieben Monate nur etwa 30 Kilojoule pro Tag (zum Vergleich, der Mensch verbraucht etwa 8000 Kilojoule täglich). Dank Torpor konnten sie ihre Wasser- und Energiebedürfnisse stark drosseln und so die Trockenzeit überstehen.

Torpor wird weltweit von den unterschiedlichsten Tieren in den verschiedensten Lebensräumen genutzt, entweder in Form von Winterschlaf oder Tagestorpor. Durch die Möglichkeit, in kargen Zeiten ihre Lebensvorgänge herunterzufahren, können Individuen schwierige Zeiten überdauern und damit ihre Überlebenschance erhöhen. Verschiedene Studien belegen sogar einen Zusammenhang zwischen Torpor und der verminderten Aussterbewahrscheinlichkeit einer Art!

Das Aussterben von Säugetierarten in den vergangenen 500 Jahren wird größtenteils anthropogenen Ursachen zugeschrieben, meist der Lebensraumzerstörung. Außerdem gilt generell, dass kleinere Säuger einem geringeren Aussterberisiko unterliegen als größere Arten. Über 90 Prozent der 61 ausgestorbenen Säugetierarten waren strikt homeotherme Arten, die nicht in Torpor gehen können. (Auf Australien begrenzt, waren dies sogar 100 Prozent!) Wenn das Körpergewicht mit einbezogen wird, zeigt sich ein negativer Zusammenhang zwischen der Fähigkeit einer Art, in Torpor zu gehen, und ihrer derzeitigen Gefährdungskategorie in der IUCN-Liste. Torpor könnte also das langfristige Überleben einer Art begünstigen.

Welche Faktoren tragen womöglich zu diesem reduzierten Aussterberisiko bei? Um zu überleben, ist es erst einmal am wichtigsten, nicht gefressen zu werden. Wissenschaftlich ausgedrückt: den Prädationsdruck zu minimieren. Gefressen wird man meist dann, wenn man sein sicheres Nest verlässt, sich selbst auf die Suche nach Futter begibt und dafür ungeschützt in der Landschaft unterwegs ist. Durch Torpor wird der Energiebedarf gesenkt und damit auch die Zeit zur Nahrungssuche reduziert. Dementsprechend müssen Tiere weniger Zeit außerhalb ihrer sicheren Nester verbringen und reduzieren dadurch das Risiko, gefressen zu werden.

Torpide Tiere leben länger! Neben dem reduzierten Prädationsdruck fördert Torpor auch die Langlebigkeit *per se*. Im Vergleich leben heterotherme Arten länger als gleich große homeotherme Arten. Schauen wir uns zwei Nagetierarten mit 50 Gramm Körpergewicht an: Die heterotherme Art hat eine 50 Prozent höhere Lebenserwartung als die homeotherme. Ebenso liegt die jährliche Überlebensrate für die heterotherme Art um 15 Prozent höher.

Schnürsenkel im Torpor

Um den Zusammenhang zwischen Langlebigkeit und Torpor zu verstehen, müssen wir kurz die Ökophysiologie verlassen und uns der Molekularbiologie und Genetik zuwenden. Der tierische Körper besteht aus Zellen, und zwar einer ganzen Menge davon: Bei uns Menschen sind es 37 Trillionen ($3{,}72 \times 10^{13}$!) (dabei sind die Millionen von Mikroben, die es sich in unserem Körper gemütlich machen, nicht einmal mitgezählt). Jede Zelle hat einen Zellkern, in dem unsere Erbinformation gespeichert ist. Diese beinhaltet alle Informationen, die für die Entwicklung und Funktion unserer Zellen und Gewebe verantwortlich sind. Sie werden für das tägliche Überleben ständig abgelesen, um wichtige Zellbausteine wie Proteine zu erstellen.

Diese Informationen sind in Form von Genen gespeichert, die auf Chromosomen liegen, welche aus Desoxyribonukleinsäure (DNS, international DNA genannt) bestehen. Die DNA hat drei chemische Bausteine: Zucker, Base und Phosphatrest. Dabei gibt es vier verschiedene Basen zur Auswahl (die Nucleotidbasen Adenin, Guanin, Thymin und Cytosin), deren wechselnde Abfolge eine unglaubliche Vielfalt an Informationen ermöglicht. Die DNA ist als Doppelhelix organisiert, die durch Basenpaare zusammengehalten wird: Adenin verbindet sich mit Thymin, und Guanin verbindet sich mit Cytosin. Die Chromosomen liegen als lang gestreckte Gebilde in den Zellkernen. 23 Chromosomenpaare besitzen wir Menschen, je eines kommt von der Mutter, das andere vom Vater, insgesamt also 46 Chromosomen. So weit die genetischen Grundlagen.

Nun wird es spannend: Chromosomen besitzen an beiden Enden kleine Schutzkappen, die Telomere genannt werden. Den Begriff gibt es zwar schon seit dem Jahr 1938, aber wir beginnen gerade erst die volle Bedeutung der Telomere zu verstehen (erst 2009 erhielten drei ForscherInnen den Nobelpreis für Medizin/Physiologie für ihre Telomer-Forschung). Man kann sich Telomere wie die kleinen Plastikhüllen an den Enden eines Schnürsenkels vorstellen, die diesen am Auftrennen hindern sollen. Je länger und fester die Plastikhülle, desto geringer das Risiko des Schnürsenkels, an den Enden kaputtzugehen. Telomere bestehen aus sich wiederholenden DNA-Sequenzen, beim Menschen sind es bis zu 15 000 Basenpaare. Jedes Mal, wenn sich eine Zelle teilt (und das tut sie oft!), verkürzen sich ihre Telomere um 50 bis 200 Basenpaare. Folglich nimmt im Alter die Länge der Telomere im Körper ab, was zu einer höheren Instabilität und Anfälligkeit der Chromosomen führt. Das bringt uns zum Thema Langlebigkeit.

Telomere sind ein Indiz des Alterns. In der medizinischen Forschung stehen sie vor allem aufgrund ihrer Rolle bei Krebserkrankungen im Blickpunkt. Verkürzte oder fragile Telomere können Chromosomen nicht mehr ausreichend schützen, Zellen werden angreifbar und genetisch instabile Tumorzellen können entstehen. Die

Forschung sucht nach Wegen, diese Telomere reparieren oder wiederherstellen zu können. Leider können Telomere nicht zwischen böswilligen Angriffen und gut gemeinter Reparatur unterscheiden und schützen sich vor beidem gleichermaßen.

Tiere besitzen Telomere wie wir Menschen. Und ihre Länge sagt etwas über die individuelle Lebenserwartung aus! Für Zebrafinken *(Taeniopygia guttata)* konnte gezeigt werden, dass die Telomer-Länge am 25. Lebenstag eine gute Voraussage über das zu erreichende Alter der Vögel zuließ, das zwischen einem und neun Jahren lag. Dies ist ein fast schon unheimlicher Blick in die Zukunft! Die Finken wurden in Käfigen gehalten. Natürliche Faktoren, die das Überleben normalerweise stark beeinflussen wie Prädation, Krankheiten und Nahrungsengpässe wurden somit eliminiert. Dennoch ist diese genetisch programmierte Lebenserwartung irgendwie beunruhigend – man stelle sich vor, eine Telomer-Analyse bei einem Kleinkind würde dessen Lebenserwartung verraten!

Torpor wirkt sich positiv auf die Telomer-Länge aus. Das gilt sowohl für Arten, die Winterschlaf halten, als auch für solche, die Tagestorpor nutzen. Hier scheint ein Zusammenhang zu bestehen, der sich nicht *per se* durch die reduzierte Stoffwechselaktivität erklären lässt. Die Telomer-Länge kann im Torporzustand sogar gesteigert werden! Könnte man dem Geheimnis der Telomer-Regeneration bei torpiden Tieren auf die Spur kommen, wäre eventuell auch ein Anhaltspunkt für eine Behandlung der angegriffenen Telomere von menschlichen Patienten zu finden.

Neben dem gesenkten Prädationsdruck und der höheren Alterserwartung trägt ein dritter Punkt zur verbesserten Überlebenswahrscheinlichkeit von heterothermen Tierarten bei: Sie können schlechte Zeiten generell besser aussitzen. Eine ganze Reihe von Publikationen untersuchte in den vergangenen Jahren die Rolle von Torpor für das Überstehen von extremen Umweltbedingungen. Nach Bränden können Tiere mithilfe von Torpor zum Beispiel die karge Zeit überstehen, in der erst einmal keine Nahrung zu finden ist. Torpor stellt daher ein ideales Mittel dar, um unvorhersehbare Umweltvariationen zu überdauern. Sehr wahrscheinlich hat Torpor den Tieren in der Vergangenheit dabei geholfen, schwierige Zeiten zu überstehen, ihre Gene weiterzugeben und damit das Aussterberisiko ihrer Art zu senken.

Torpid in die Zukunft

Diese Aspekte bieten nicht nur einen Erklärungsansatz für das reduzierte Aussterberisiko in der Vergangenheit. Sie haben auch eine Aussagekraft für den Blick nach vorne. Es ist bekannt, dass mit dem menschenverursachten Klimawandel extreme Bedingungen wie Hitzewellen, Frosttage, Stürme und Feuer in Frequenz und Dauer zunehmen. Dazu verschieben sich Schneefallgrenzen und das zeitliche Vorkommen pflanzlicher und tierischer Nahrungsressourcen. Tiere müssen darauf reagieren. Das Gelbbauchmurmeltier *(Marmota flaviventris)* etwa hat als Antwort auf wärmere Frühlingstemperaturen im Zuge des Klimawandels seine Winterschlafsaison zwischen den Jahren 1976 und 2000 bereits um 38 Tage verkürzt. Ob Winterschläfer generell zu den Gewinnern oder Verlierern der Klimawandel-Folgen gehören werden, ist ungewiss. Sicher hängt das artspezifisch von der ökologischen und physiologischen Flexibilität sowie vom Lebensraum ab. Tagestorpor verleiht die Möglichkeit zur spontanen Energiedrosselung und sollte einen Vorteil darstellen.

Wie sich die Folgen des Klimawandels langfristig auf Wildtiere auswirken werden, ist weitgehend unbekannt. Jedoch sind gerade solche Informationen entscheidend, um Schutzstrategien zu entwickeln. Klar ist, dass wir eine Verschiebung von Artenvorkommen und -verbreitung erleben werden und dass eine hohe Anpassungsfähigkeit einen Vorteil bedeutet. Die drastische Drosselung aller Lebensfunktionen im Torporzustand verleiht eine große Flexibilität im Energiebedarf. Für unsere winterschlafenden Freunde bedeutet das womöglich ein erhöhtes Reaktionsvermögen im Überlebenskampf. So könnte es sein, dass sie die Hürden der Zukunft gerade dadurch nehmen, dass sie abschalten und nichts tun. Jedenfalls fast nichts.

Danksagung

Ich danke meinem Lektor Stefan Bollmann vom Verlag C.H.Beck für die freundliche Zusammenarbeit. Vielen Dank an Daniel Mursa von der Agentur Petra Eggers, der die Idee für dieses Buch hatte. Er wurde wiederum erst durch eine Radiosendung auf meine Forschung aufmerksam, daher gilt mein Dank auch den «Profis» vom Radioeins RBB für die Einladung zum Interview über Winterschlaf bei Stadtigeln. Für Korrekturen und Anmerkungen danke ich herzlich meinen Eltern Ruth Warnecke-Berg und Heinz Warnecke sowie Sanne Berg, Kathrin Dausmann, Marlene Glos, Jamie Turner und Joachim Nopper. An dieser Stelle möchte ich außerdem meinen wissenschaftlichen MentorInnen für ihre ansteckende Begeisterung für Wildtierbiologie und Torpor danken: Claudia Hemmling, Elke Schleucher, Kathrin Dausmann, Phil Withers, Fritz Geiser und Craig Willis. Für die Finanzierung meiner Forschung geht mein Dank an: Deutsche Wildtier Stiftung, Deutscher Akademischer Austauschdienst, Canadian Government, University of New England. Meinem Mann Jamie, meiner Tochter Matilda und meinem purzelbaumschlagenden Bauchbewohner danke ich für Unterstützung und Ablenkung zugleich, die ich benötigte, um dieses Buch innerhalb von sechs Monaten schreiben zu können.

Literaturverzeichnis

Das Literaturverzeichnis listet ausgewählte wissenschaftliche Artikel zur jeweiligen Thematik auf, die im laufenden Text behandelt wird – es ist nicht als umfassende Bibliographie zu verstehen. Eine Zusammenfassung *(Abstract)* jedes Artikels ist über Suchmaschinen für wissenschaftliche Publikationen zu finden (beispielsweise https://scholar.google.de/). Viele Artikel können dort auch als PDF-Version heruntergeladen werden (weitere Zugangsmöglichkeiten oft unter dem Link «*All X versions*»). Manche Zeitschriften bieten Artikel kostenfrei an (sogenannte *Open Access Article*).

Hamburg (Kapitel 1 und 5)

Ökologie und Winterschlaf der Igel

Dickman, C. R. (1988). Age-related dietary change in the European hedgehog, *Erinaceus europaeus. Journal of Zoology*, 215 (1), 1–14.

Dmi'el, R., & Schwarz, M. (1984). Hibernation patterns and energy expenditure in hedgehogs from semi-arid and temperate habitats. *Journal of Comparative Physiology B*, 155 (1), 117–123.

Dowding, C. V., Harris, S., Poulton, S., & Baker, P. J. (2010). Nocturnal ranging behaviour of urban hedgehogs, *Erinaceus europaeus*, in relation to risk and reward. *Animal Behaviour*, 80 (1), 13–21.

Fowler, P. A., & Racey, P. A. (1990). Daily and seasonal cycles of body temperature and aspects of heterothermy in the hedgehog *Erinaceus europaeus. Journal of Comparative Physiology B*, 160, 299–307.

Haigh, A., O'Riordan, R., & Butler, F. (2012). Nesting behaviour and seasonal body mass changes in a rural Irish population of the Western hedgehog *(Erinaceus europaeus). Acta Theriologica*, 57 (4), 321–331.

Hof, A. R., Bright, P. W. (2016). Quantifying the long-term decline of the West European hedgehog in England by subsampling citizen-science datasets. *European Journal of Wildlife Research*, 62 (4), 407–413.

Hubert, P., Julliard, R., Biagianti, S., & Poulle, M.-L. (2011). Ecological factors driving the higher hedgehog (*Erinaceus europaeus*) density in an urban area compared to the adjacent rural area. *Landscape and Urban Planning,* 103 (1), 34–43.

Jackson, D. B., & Green, R. E. (2000). The importance of the introduced hedgehog *(Erinaceus europaeus)* as a predator of the eggs of waders (Charadrii) on machair in South Uist, Scotland. *Biological Conservation,* 93 (3), 333–348.

Jones, C., & Norbury, G. (2011). Feeding selectivity of introduced hedgehogs *Erinaceus europaeus* in a dryland habitat, South Island, New Zealand. *Acta Theriologica,* 56 (1), 45–51.

Krawczyk, A., van Leeuwen, A., Jacobs-Reitsma, W., Wijnands, L., Bouw, E., Jahfari, S., & de Bruin, A. (2015). Presence of zoonotic agents in engorged ticks and hedgehog faeces from *Erinaceus europaeus* in (sub) urban areas. *Parasites & Vectors,* 8 (1), 1–6.

Morris, P (2014). Hedgehogs. Whittet Books Limited, Stansted, Essex.

Poel, J. L., Dekker, J., & Langevelde, F. (2015). Dutch hedgehogs *Erinaceus europaeus* are nowadays mainly found in urban areas, possibly due to the negative effects of badgers *Meles meles. Wildlife Biology,* 21, 51–55.

Rautio, A., Isomursu, M., Valtonen, A., Hirvelä-Koski, V., & Kunnasranta, M. (2015). Mortality, diseases and diet of European hedgehogs *(Erinaceus europaeus)* in an urban environment in Finland. *Mammal Research,* 61 (2), 161–169.

Riber, A. (2006). Habitat use and behaviour of European hedgehog *Erinaceus europaeus* in a Danish rural area. *Acta Theriologica,* 51 (4), 363–371.

Rondinini, C., & Doncaster, C. P. (2002). Roads as barriers to movement for hedgehogs. *Functional Ecology,* 16 (4), 504–509.

Shkolnik, A., & Schmidt-Nielsen, K. (1976). Temperature regulation in hedgehogs from temperate and desert environments. *Physiological Zoology,* 49 (1), 56–64.

Visser, M., Rehbein, S., & Wiedemann, C. (2001). Species of flea (Siphonaptera) infesting pets and hedgehogs in Germany. *Journal of Veterinary Medicine B,* 48 (3), 197–202.

Ward, J. F., Macdonald, D. W., Doncaster, C. P., & Mauget, C. (1996). Physiological response of the European hedgehog to predator and nonpredator odour. *Physiology & Behavior,* 60 (6), 1469–1472.

Webb, P. I., & Ellison, J. (1998). Normothermy, torpor, and arousal in hedgehogs *(Erinaceus europaeus)* from Dunedin. *New Zealand Journal of Zoology,* 25, 85–90.

Young, R. P., Davison, J., Trewby, I. D., Wilson, G. J., Delahay, R. J., & Doncaster, C. P. (2006). Abundance of hedgehogs *(Erinaceus europaeus)* in relation to the density and distribution of badgers *(Meles meles)*. *Journal of Zoology,* 269 (3), 349–356.

Großstadt-Tiere

Bradley, C. A., & Altizer, S. (2007). Urbanization and the ecology of wildlife diseases. *Trends in Ecology & Evolution,* 22 (2), 95–102.

Brumm, H. (2004). The impact of environmental noise on song amplitude in a territorial bird. *Journal of Animal Ecology,* 73 (3), 434–440.

Fuller, R. A., Warren, P. H., & Gaston, K. J. (2007). Daytime noise predicts nocturnal singing in urban robins. *Biology Letters,* 3 (4), 368–370.

Jones, D. N., & James Reynolds, S. (2008). Feeding birds in our towns and cities: a global research opportunity. *Journal of Avian Biology,* 39 (3), 265–271.

Nemeth, E. & Brumm, H. (2009). Blackbirds sing higher-pitched songs in cities: adaptation to habitat acoustics or side-effect of urbanization? *Animal Behaviour,* 78 (3), 637–641.

Slabbekoorn, H., & den Boer-Visser, A. (2006). Cities change the songs of birds. *Current Biology,* 16 (23), 2326–2331.

Suárez-Rodríguez, M., López-Rull, I., & Macías Garcia, C. (2013). Incorporation of cigarette butts into nests reduces nest ectoparasite load in urban birds: new ingredients for an old recipe? *Biology Letters,* 9 (1), 20120931.

Tiere unter dem Gefrierpunkt

Barnes, B. (1989). Freeze avoidance in a mammal: body temperatures below 0 degree C in an Arctic hibernator. *Science,* 244 (4912), 1593–1595.

Pretzlaff, I., & Dausmann, K. (2012). Impact of climatic variation on the hibernation physiology of *Muscardinus avellanarius.* In T. Ruf, C. Bieber, W. Arnold & E. Millesi (Eds.), Living in a Seasonal World (pp. 85–97). Springer, Berlin.

Hamster, Tenrek und Schnabeligel

Heldmaier, G., & Steinlechner, S. (1981). Seasonal pattern and energetics of short daily torpor in the Djungarian hamster, *Phodopus sungorus. Oecologia,* 48 (2), 265–270.

Hoffmann, K. (1973). The influence of photoperiod and melatonin on testis size, body weight, and pelage colour in the Djungarian hamster *(Phodopus sungorus). Journal of Comparative Physiology B,* 85 (3), 267–282.

La Haye, M. J. J., Neumann, K., & Koelewijn, H. P. (2012). Strong decline of gene diversity in local populations of the highly endangered Common hamster *(Cricetus cricetus)* in the western part of its European range. *Conservation Genetics,* 13 (2), 311–322.

Levesque, D. L., & Lovegrove, B. G. (2014). Increased homeothermy during reproduction in a basal placental mammal. *Journal of Experimental Biology,* 217 (9), 1535–1542.

Nicol, S. C., & Andersen, N. A. (2008). Rewarming rates and thermogenesis in hibernating echidnas. *Comparative Biochemistry and Physiology A*, 150 (2), 189–195.

Dachs, Stinktier, Waschbär und Nacktmull

Fowler, P. A., & Racey, P. A. (1988). Overwintering strategies of the badger, *Meles meles*, at 57 °N. *Journal of Zoology*, 214 (4), 635–651.

Prange, S., Gehrt, S. D., & Wiggers, E. P. (2004). Influences of anthropogenic resources on raccoon *(Procyon lotor)* movements and spatial distribution. *Journal of Mammalogy*, 85 (3), 483–490.

Yahav, S., & Buffenstein, R. (1991). Huddling behavior facilitates homeothermy in the naked mole rat *Heterocephalus glaber*. *Physiological Zoology*, 64 (3), 871–884.

Yeen, Ten Hwang, Larivière, S., & Messier, F. (2007). Energetic consequences and ecological significance of heterothermy and social thermoregulation in striped skunks *(Mephitis mephitis)*. *Physiological and Biochemical Zoology*, 80 (1), 138–145.

Physiologie, Torpor, Fettsäuren und Braunes Fett

Benedict, F. G., & Lee, R. C. (1938). Hibernation and marmot physiology. Carnegie Inst. Washington Publication.

Chappell, M. A., & Souza, S. L. (1988). Thermoregulation, gas exchange, and ventilation in Adelie penguins *(Pygoscelis adeliae)*. *Journal of Comparative Physiology B*, 157, 783–790.

Clemens, L. E., Heldmaier, G., & Exner, C. (2009). Keep cool: Memory is retained during hibernation in Alpine marmots. *Physiology & Behavior*, 98, 78–84.

Geiser, F. (2004). Metabolic rate and body temperature reduction during hibernation and daily torpor. *Annual Review of Physiology*, 66, 239–274.

Geiser, F., & Heldmaier, G. (1995). The impact of dietary fats, photoperiod, temperature and season on morphological variables, torpor patterns, and brown adipose tissue fatty acid composition of hamsters, *Phodopus sungorus*. *Journal of Comparative Physiology B*, 165 (5), 406–415.

Geiser, F., & Mzilikazi, N. (2011). Does torpor of elephant shrews differ from that of other heterothermic mammals? *Journal of Mammalogy*, 92 (2), 452–459.

Heldmaier, G. (2011). Life on low flame in hibernation. *Science*, 331 (6019), 866–867.

Heldmaier, G., & Steinlechner, S. (1981). Seasonal control of energy requirements for thermoregulation in the Djungarian hamster *(Phodopus sungorus)*, living in natural photoperiod. *Journal of Comparative Physiology*, 142 (4), 429–437.

Heldmaier, G., & Neuweiler, G., Rössler, W. (2013). Vergleichende Tierphysiologie. Berlin: Springer-Verlag.

Hiebert, S. M., Hauser, K., & Ebrahim, A. J. (2003). Djungarian hamsters exhibit temperature-dependent dietary fat choice in long days. *Physiological and Biochemical Zoology*, 76 (6), 850–857.

Kräuchi, K., & de Boer, T. (2011). Body temperature, sleep, and hibernation. Principles and practice of sleep medicine. M. H. Kryger, T. Roth, W. C. Dement (Eds.). Elsevier, St. Louis, 323–334.

Oelkrug, R., Polymeropoulos, E. T., & Jastroch, M. (2015). Brown adipose tissue: physiological function and evolutionary significance. *Journal of Comparative Physiology B*, 185 (6), 587–606.

O'Neill, S. (2002). Cardiac Ca2+ regulation and the tuna fish sandwich. *Physiology*, 17 (4), 162–165.

Prendergast, B. J., Freeman, D. A., Zucker, I., & Nelson, R. J. (2002). Periodic arousal from hibernation is necessary for initiation of immune responses in ground squirrels. *American Journal of Physiology*, 282 (4), R1054–R1062.

Ruf, T., & Arnold, W. (2008). Effects of polyunsaturated fatty acids on hibernation and torpor: a review and hypothesis. *American Journal of Physiology*, 294 (3), R1044–R1052.

Ruf, T., & Geiser, F. (2015). Daily torpor and hibernation in birds and mammals. *Biological Reviews*, 90, 891–926.

Aktionsraum

Burt, W. H. (1943). Territoriality and home range concepts as applied to mammals. *Journal of Mammalogy*, 24 (3), 346–352.

Andere Aspekte

Säugetiere in Hamburg: Schäfers, G., Ebersbach, H., Reimers, H., Körber, P., Janke, K., Borggräfe, K., & Landwehr, F. (2016). Atlas der Säugetiere Hamburgs. Behörde für Umwelt und Energie. Freie und Hansestadt Hamburg.

Informationen vom Bundesministerium für Ernährung und Landwirtschaft: http://www.bmel.de/DE/Tier/Nutztierhaltung/nutztierhaltung_node.html http://www.bmel.de/DE/Tier/Tierschutz/_texte/TierschutzTierforschung.html?docId=8596776#doc8596776bodyText3

Kanada (Kapitel 2 und 6)

Die Kleine Braune Fledermaus in Kanada

Czenze, Z. J., Park, A. D., & Willis, C. K. R. (2013). Staying cold through dinner: cold-climate bats rewarm with conspecifics but not sunset during hibernation. *Journal of Comparative Physiology B*, 183 (6), 859–866.

Czenze, Z. J., & Willis, C. K. R. (2015). Warming up and shipping out: arousal and emergence timing in hibernating little brown bats *(Myotis lucifugus)*. *Journal of Comparative Physiology B*, 185 (5), 575–586.

Jonasson, K. A., & Willis, C. K. R. (2011). Changes in body condition of hibernating bats support the thrifty female hypothesis and predict consequences for populations with White-Nose Syndrome. *PLoS ONE*, 6 (6), e21061.

Jonasson, K. A., & Willis, C. K. R. (2012). Hibernation energetics of free-ranging little brown bats. *The Journal of Experimental Biology*, 215 (12), 2141–2149.

Norquay, K. J. O., & Willis, C. K. R. (2014). Hibernation phenology of *Myotis lucifugus*. *Journal of Zoology*, 294 (2), 85–92.

Norquay, K. J. O., Martinez-Nuñez, F., Dubois, J. E., Monson, K. M., & Willis, C. K. R. (2014). Long-distance movements of little brown bats *(Myotis lucifugus)*. *Journal of Mammalogy*, 294 (2), 85–92.

Thomas, D. W., Dorais, M., & Bergeron, J.-M. (1990). Winter energy budgets and cost of arousals for hibernating little brown bats, *Myotis lucifugus*. *Journal of Mammalogy*, 71 (3), 475–479.

Fledermausökologie

Calisher, C. H., Childs, J. E., Field, H. E., Holmes, K. V., & Schountz, T. (2006). Bats: important reservoir hosts of emerging viruses. *Clinical Microbiology Reviews*, 19 (3), 531–545.

Carter, G. G., & Wilkinson, G. S. (2016). Common vampire bat contact calls attract past food-sharing partners. *Animal Behaviour*, 116, 45–51.

Delpietro, H. A., & Russo, R. G. (2002). Observations of the common vampire bat *(Desmodus rotundus)* and the hairy-legged vampire bat *(Diphylla ecaudata)* in captivity. *Mammalian Biology*, 67 (2), 65–78.

Kunz, T. H. & Hood, C. S. (2000). Parental care and postnatal growth in the Chiroptera. Pp 415–468. In: Reproductive biology of bats. E. G. Crichton & P. H. Krutzsch (Eds.). Academic Press, London.

McCracken, G. F., Safi, K., Kunz, T. H., Dechmann, D. K. N., Swartz, S. M., & Wikelski, M. (2016). Airplane tracking documents the fastest flight speeds recorded for bats. *Royal Society Open Science*, 3 (11), 160398.

Torpor und Reproduktion

McAllan, B.M, & Geiser, F. (2014). Torpor during reproduction in mammals and birds: Dealing with an energetic conundrum. *Integrative and Comparative Biology*, 54 (3), 516–532.

Willis, C. K. R., Brigham, R. M., & Geiser, F. (2006). Deep, prolonged torpor by pregnant, free-ranging bats. *Naturwissenschaften*, 93, 80–83.

Persönlichkeit bei Tieren

Menzies, A. K., Timonin, M. E., McGuire, L. P., & Willis, C. K. R. (2013). Personality variation in little brown bats. *PLoS ONE*, 8 (11).

Verbeek, M. E. M., Drent, P. J., & Wiepkema, P. R. (1994). Consistent individual differences in early exploratory behaviour of male great tits. *Animal Behaviour*, 48 (5), 1113–1121.

Hauskatzen und ihre Beute

Woods, M., McDonald, R.A., & Harris, S. (2003). Predation of wildlife by domestic cats *Felis catus* in Great Britain. *Mammal Review*, 33 (2), 174–188.

Wissenschaftsbasierte Schutzstrategien

Sutherland, W. J., Pullin, A. S., Dolman, P. M., & Knight, T. M. (2004). The need for evidence-based conservation. *Trends in Ecology and Evolution*, 19 (6), 305–308.

Raumfahrt und Torpor

Cerri, M., Tinganelli, W., Negrini, M., Helm, A., Scifoni, E., Tommasino, F., Siolo, M., Zoccoli, A. & Durante, M. (2016). Hibernation for space travel: Impact on radioprotection. *Life Sciences in Space Research*, 11, 1–9.

Hörnchen

Bertolino, S., di Montezemolo, N. C., Preatoni, D. G., Wauters, L. A., & Martinoli, A. (2014). A grey future for Europe: *Sciurus carolinensis* is replacing native red squirrels in Italy. *Biological Invasions*, 16 (1), 53–62.

Dausmann, K. H., Wein, J., Turner, J. M., & Glos, J. (2013). Absence of heterothermy in the European red squirrel *(Sciurus vulgaris)*. *Mammalian Biology*, 78 (5), 332–335.

Gurnell, J., Rushton, S. P., Lurz, P. W. W., Sainsbury, A. W., Nettleton, P., Shirley, M. D. F., Bruemmer, C., & Geddes, N. (2006). Squirrel poxvirus: Landscape scale strategies for managing disease threat. *Biological Conservation*, 131 (2), 287–295.

Krishna, M. C., Kumar, A., & Tripathi, O. P. (2015). Gliding performance of the red giant gliding squirrel *Petaurista petaurista* in the tropical rainforest of Indian eastern Himalaya. *Wildlife Biology*, 22 (1), 7–12.

Weißnasen-Syndrom

Aktuelle Informationen und Verbreitungskarten unter https://www.whitenosesyndrome.org/

Davy, C. M., Martinez-Nuñez, F., Willis, C. K. R., & Good, S. V. (2015). Spatial genetic structure among bat hibernacula along the leading edge of a rapidly spreading pathogen. *Conservation Genetics*, 16 (5), 1013–1024.

Frick, W. F., Pollock, J. F., Hicks, A. C., Langwig, K. E., Reynolds, D. S., Turner, G. G., Butchkoski, C.M., & Kunz, T. H. (2010). An emerging disease causes regional population collapse of a common North American bat species. *Science*, 329, 679–682.

Turner, J. M., Warnecke, L., Wilcox, A., Baloun, D., Bollinger, T. K., Misra, V., & Willis, C. K. R. (2015). Conspecific disturbance contributes to altered hibernation patterns in bats with white-nose syndrome. *Physiology & Behavior*, 140 (0), 71–78.

Warnecke, L., Turner, J. M., Bollinger, T. K., Lorch, J. M., Misra, V., Cryan, P. M.,Wibbelt, G. & Willis, C. K. R. (2012). Inoculation of bats with European *Geomyces destructans* supports the novel pathogen hypothesis for the origin of white-nose syndrome. *Proceedings of the National Academy of Sciences*, 109 (18), 6999–7003.

Warnecke, L., Turner, J. M., Bollinger, T. K., Misra, V., Cryan, P. M., Blehert, D. S., Wibbelt, G., & Willis, C. K. R. (2013). Pathophysiology of white-nose syndrome in bats: a mechanistic model linking wing damage to mortality. *Biology Letters*, 9 (4), 20130177.

Wibbelt, G., Kurth, A., Hellmann, D., Weishaar, M., Barlow, A., Veith, M., & Cryan, P.M. (2010). White-nose syndrome fungus *(Geomyces destructans)* in bats, Europe. *Emerging Infectious Diseases*, 16 (8), 1237–1242.

Willis, C. K. R. (2015). Conservation physiology and conservation pathogens: white-nose syndrome and integrative biology for host–pathogen systems. *Integrative and Comparative Biology*, 55 (4), 631–641.

Der «Wert» von Fledermäusen und Windenergie

Boyles, J. G., Cryan, P. M., McCracken, G. F., & Kunz, T. H. (2011). Economic importance of bats in agriculture. *Science*, 332, 41–42.

Cryan, P. M., Gorresen, P. M., Hein, C. D., Schirmacher, M. R., Diehl, R. H., Huso, M. M., Hayman, D. T., Fricker, P. D., Bonaccorso, F. J., Johnson, D. H., & Heist, K. (2014). Behavior of bats at wind turbines. *Proceedings of the National Academy of Sciences*, 111 (42), 15126–15131.

Jameson, J. W., & Willis, C. K. R. (2014). Activity of tree bats at anthropogenic tall structures: implications for mortality of bats at wind turbines. *Animal Behaviour*, 97, 145–152.

Kunz, T. H., Braun de Torrez, E., Bauer, D., Lobova, T., & Fleming, T. H. (2011). Ecosystem services provided by bats. *Annals of the New York Academy of Sciences*, 1223 (1), 1–38.

Rydell, J., Bach, L., Dubourg-Savage, M.-J., Green, M., Rodrigues, L., Hedenström, A. (2010). Bat mortality at wind turbines in northwestern Europe. *Acta Chiropterologica*, 12 (2), 261–274.

Amphibiensterben

Voyles, J., Young, S., Berger, L., Campbell, C., Voyles, W. F., Dinudom, A., Cook, D., Webb, R., Alford, R. A., Skerratt, L. F., & Speare, R. (2009). Pathogenesis of chytridiomycosis, a cause of catastrophic amphibian declines. *Science*, 326 (5952), 582–585.

Bärengeschichten

Evans, A. L., Singh, N. J., Friebe, A., Arnemo, J. M., Laske, T. G., Fröbert, O., Swenson, J. E. & Blanc, S. (2016). Drivers of hibernation in the brown bear. *Frontiers in Zoology*, 13 (1), 7.

Miller, W., Schuster, S. C., Welch, A. J., Ratan, A., Bedoya-Reina, O. C., Zhao, F., Kim, H. L., Burhans, R.C., et al. (2012). Polar and brown bear genomes reveal ancient admixture and demographic footprints of past climate change. *Proceedings of the National Academy of Sciences*, 109 (36), E2382–E2390.

Miller, S., Wilder, J., & Wilson, R. R. (2015). Polar bear–grizzly bear interactions during the autumn open-water period in Alaska. *Journal of Mammalogy*, 96 (6), 1317–1325.

Tøien, Ø., Blake, J., Edgar, D. M., Grahn, D. A., Heller, H. C., & Barnes, B. M. (2011). Hibernation in black bears: independence of metabolic suppression from body temperature. *Science*, 331 (6019), 906–909.

Whiteman, J. P., Harlow, H. J., Durner, G. M., Anderson-Sprecher, R., Albeke, S. E., Regehr, E. V., Amstrup, S. C., & Ben-David, M. (2015). Summer declines in activity and body temperature offer polar bears limited energy savings. *Science*, 349 (6245), 295–298.

Australien (Kapitel 3 und 7)

Opportunistischer Winterschlaf

Turner, J. M., Warnecke, L., Körtner, G., & Geiser, F. (2012). Opportunistic hibernation by a free-ranging marsupial. *Journal of Zoology*, 286, 277–284.

Turner, J. M., Körtner, G., Warnecke, L., & Geiser, F. (2012). Summer and winter torpor use by a free-ranging marsupial. *Comparative Biochemistry and Physiology A*, 162, 274–280.

Turner, J. M., & Geiser, F. (2017). The influence of natural photoperiod on seasonal torpor expression of two opportunistic marsupial hibernators. *Journal of Comparative Physiology B*, 187, 375–383.

Beuteltiere und andere Säugetiere

Bininda-Emonds, O. R. P., Cardillo, M., Jones, K. E., MacPhee, R. D. E., Beck, R. M. D, Grenyer, R., Price, S. A., Vos, R. A., Gittleman, J. L., & Purvis, A. (2007). The delayed rise of present-day mammals. *Nature*, 446, 507–512.

Geiser, F., & Körtner, G. (2010). Hibernation and daily torpor in Australian mammals. *Australian Zoologist*, 35 (2), 204–215.

Menkhorst, P. W., & Knight, F. (2001). A field guide to the mammals of Australia. Oxford University Press, Melbourne.

Woinarski, J. C. Z., Burbidge, A. A., & Harrison, P. L. (2015). Ongoing unraveling of a continental fauna: Decline and extinction of Australian mammals since European settlement. *Proceedings of the National Academy of Sciences*, 112 (15), 4531–4540.

Zugtiere: Torpor und Orientierung

Hiebert, S. M. (1993). Seasonality of daily torpor in a migratory hummingbird. *Life in the cold: ecological, physiological and molecular mechanisms*. Westview Press, Boulder, USA, 25–32.

McGuire, L. P., Jonasson, K. A., & Guglielmo, C. G. (2014). Bats on a budget: torpor-assisted migration saves time and energy. *PLoS ONE*, 9 (12), e115724.

Wiltschko, W., & Wiltschko, R. (2005). Magnetic orientation and magnetoreception in birds and other animals. *Journal of Comparative Physiology A*, 191 (8), 675–693.

Torpor bei Vögeln

Körtner, G., Brigham, R. M., & Geiser, F. (2001). Torpor in free-ranging tawny frogmouths *(Podargus strigoides)*. *Physiological and Biochemical Zoology*, 74 (6), 789–797.

Schleucher, E. (2004). Torpor in birds: Taxonomy, energetics, and ecology. *Physiological and Biochemical Zoology*, 77 (6), 942–949.

Woods, C. P., & Brigham, R. M. (2004). The avian enigma: «hibernation» by common poorwills *(Phalaenoptilus nuttallii)*. *Life in the cold: evolution, mechanisms, adaptation, and application*. University of Alaska, Fairbanks, USA, 129–138.

Schlangen

Birrell, G. W., Earl, S., Masci, P. P., de Jersey, J., Wallis, T. P., Gorman, J. J., & Lavin, M. F. (2006). Molecular diversity in venom from the Australian Brown Snake, *Pseudonaja textilis*. *Molecular & Cellular Proteomics*, 5 (2), 379–389.

Welton, R. E., Williams, D. J., & Liew, D. (2016). Injury trends from envenoming in Australia, 2000-2013. *Internal medicine journal*, doi: 10.1111/imj.13297.

Schnabeligel

Clemente, C. J., Cooper, C. E., Withers, P. C., Freakley, C., Singh, S., & Terrill, P. (2016). The private life of echidnas: using accelerometry and GPS to examine field biomechanics and assess the ecological impact of a widespread, semi-fossorial monotreme. *The Journal of Experimental Biology*, 219 (20), 3271–3283.

Morrow, G., & Nicol, S. C. (2009). Cool Sex? Hibernation and reproduction overlap in the echidna. *PLoS ONE*, 4 (6), e6070.

Nicol, C., & Andersen, N. A. (2002). The timing of hibernation in Tasmanian echidnas: why do they do it when they do? *Comparative Biochemistry and Physiology Part B*, 131, 603–611.

Sonnenbaden und passives Aufwärmen

Bartholomew, G. A., & Rainy, M. (1971). Regulation of body temperature in the rock hyrax, *Heterohyrax brucei*. *Journal of Mammalogy*, 52 (1), 81–95.

Geiser, F., Goodship, N., & Pavey, C. R. (2002). Was basking important in the evolution of mammalian endothermy? *Naturwissenschaften*, 89, 412–414.

Lovegrove, B. G., Körtner, G., & Geiser, F. (1999). The energetic cost of arousal from torpor in the marsupial *Sminthopsis macroura*: benefits of summer ambient temperature cycles. *Journal of Comparative Physiology B*, 169 (1), 11–18.

Warnecke, L., Turner, J. M., & Geiser, F. (2008). Torpor and basking in a small arid zone marsupial. *Naturwissenschaften*, 95, 73–78.

Warnecke, L., & Geiser, F. (2009). Basking behaviour and torpor use in free-ranging *Planigale gilesi*. *Australian Journal of Zoology*, 57, 373–375.

Warnecke, L., & Geiser, F. (2010). The energetics of basking behaviour and torpor in a small marsupial exposed to simulated natural conditions. *Journal of Comparative Physiology B*, 180, 437–445.

Weltrekorde im Winterschlaf

Geiser, F. (2007). Yearlong hibernation in a marsupial mammal. *Naturwissenschaften*, 94, 941–944.

Hoelzl, F., Bieber, C., Cornils, J., Gerritsmann, H., Stalder, G., Walzer, C., & Ruf, T. (2015). How to spend the summer? Free-living dormice *(Glis glis)* can hibernate for 11 months in non-reproductive years. *Journal of Comparative Physiology B*, 185 (8), 931–939.

Freiland versus Labor

Geiser, F., Holloway, J. C., Körtner, G., Maddocks, T. A., Turbill, C., & Brigham, R. M. (2000). Do patterns of torpor differ between free-ranging and captive mammals and birds? In: G. Heldmaier & M. Klingenspor (Eds.), Life in the cold: 11th International Hibernation Symposium, 95–102. Springer Verlag, Berlin

Bergbilchbeutler

Geiser, F., & Broome, L. S. (1993). The effect of temperature on the pattern of torpor in a marsupial hibernator. *Journal of Comparative Physiology B*, 163, 133–137.

Körtner, G., & Geiser, F. (1998). Ecology of hibernation in the marsupial mountain pygmy-possum *(Byrramys parvus)*. *Oecologia*, 113, 170–178.

Kaltes Herz

Currie, S. E., Körtner, G., & Geiser, F. (2014). Heart rate as a predictor of metabolic rate in heterothermic bats. *The Journal of Experimental Biology*, 217 (9), 1519–1524.

Geiser, F., Baudinette, R. V., & McMurchie, E. J. (1989). The effect of temperature on isolated perfused hearts of heterothermic marsupials. *Comparative Biochemistry and Physiology Part A*, 93 (2), 331–335.

Zosky, G. R., & Larcombe, A. N. (2003). The parasympathetic nervous system and its influence on heart rate in torpid western pygmy possums, *Cercartetus concinnus* (Marsupialia: Burramyidae). *Zoology*, 106 (2), 143–150.

Backenhörnchen und Ziesel

Edwards, P. D., & Boonstra, R. (2016). Coping with pregnancy after 9 months in the dark: Post-hibernation buffering of high maternal stress in arctic ground squirrels. *General and Comparative Endocrinology*, 232, 1–6.

Humphries, M., Kramer, D. L., & Thomas, D. W. (2003). The role of energy availability in mammalian hibernation: an experimental test in free-ranging eastern chipmunks. *Physiological and Biochemical* Zoology, 76 (2), 180–186.

Thorington, R. W., Koprowski, J. L., Steele, M. A., & Whatton, J. F. (2012). Squirrels of the world. The Johns Hopkins University Press, Baltimore.

Australiens Umwelt in Not

Burbidge, A. A., McKenzie, N. L., Brennan, K. E. C., Woinarski, J. C. Z., Dickman, C. R., Baynes, A., Gordon, G., Menkhorst, P. W. & Robinson, A. C. (2009). Conservation status and biogeography of Australia's terrestrial mammals. *Australian Journal of Zoology*, 56 (6), 411–422.

Good, M. K., Schultz, N. L., Tighe, M., Reid, N., & Briggs, S. V. (2013). Herbaceous vegetation response to grazing exclusion in patches and inter-patches in semi-arid pasture and woody encroachment. *Agriculture, Ecosystems & Environment*, 179, 125–132.

Hardman, B., Moro, D., & Calver, M. (2016). Direct evidence implicates feral cat predation as the primary cause of failure of a mammal reintroduction programme. *Ecological Management & Restoration*, 17 (2), 152–158.

Hilmer, S., Algar, D., Plath, M., & Schleucher, E. (2010). Relationship between daily body temperature and activity patterns of free-ranging feral cats in Australia. *Journal of Thermal Biology*, 35 (6), 270–274.

Jones, E., & Coman, B. J. (1981). Ecology of the feral cat, *felis catus* (L.), in south-eastern Australia I. Diet. *Australian Wildlife Research*, 8, 537–547.

Phillips, B. L., Brown, G. P., Webb, J. K., & Shine, R. (2006). Invasion and the evolution of speed in toads. *Nature*, 439 (7078), 803.

Price, J. N., Wong, N. K., & Morgan, J. W. (2010). Recovery of understorey vegetation after release from a long history of sheep grazing in a herb-rich woodland. *Austral Ecology*, 35 (5), 505–514.

Schleucher, E., Hilmer, S., Angus, G. J., Algar, D., & Warnecke, L. (2008). The effect of captivity on thermal energetics in native and invasive species: Are physiological capacities a key factor in colonisation of new habitats in Australia? In: W. Rabitsch, F. Essl & F. Klingenstein (Eds.), Biological invasions – from ecology to conservation, Konferenzbeiträge, Universität Wien, 165–179.

Shine, R. (2010). The ecological impact of invasive cane toads *(Bufo marinus)* in Australia. *The Quarterly Review of Biology*, 85 (3), 253–291.

Short, J., & Smith, A. (1994). Mammal decline and recovery in Australia. *Journal of Mammalogy*, 75 (2), 288–297.

Woinarski, J. C. Z., Burbidge, A. A., & Harrison, P. L. (2015). Ongoing unraveling of a continental fauna: Decline and extinction of Australian mammals since European settlement. *Proceedings of the National Academy of Sciences*, 112 (15), 4531–4540.

IUCN – Weltnaturschutzorganisation

Webseite mit Informationen zum Gefährdungsstatus mit Verbreitungskarten für alle Tier- und Pflanzenarten http://www.iucnredlist.org/

Genozid in Australien

Barta, T. (2008). Sorry, and not sorry, in Australia: how the apology to the stolen generations buried a history of genocide. *Journal of Genocide Research*, 10 (2), 201–214.

Körpertemperatur beim Menschen

Bailey, S. L., & Heitkemper, M. M. (2001). Circadian rhythmicity of cortisol and body temperature: morningness-eveningness effects. *Chronobiology International*, 18 (2), 249–261.

Madagaskar (Kapitel 4 und 8)

Winterschlafende Lemuren

Blanco, M. B., Dausmann, K. H., Ranaivoarisoa, J. F., & Yoder, A. D. (2013). Underground hibernation in a primate. *Scientific Reports*, 3, 1768.

Dausmann, K. H., Glos, J., Ganzhorn, J. U., & Heldmaier, G. (2004). Physiology: Hibernation in a tropical primate. *Nature*, 429 (6994), 825–826.

Dausmann, K. H., Glos, J., Ganzhorn, J. U., & Heldmaier, G. (2005). Hibernation in the tropics: lessons from a primate. *Journal of Comparative Physiology B*, 175 (3), 147–155.

Dausmann, K., Glos, J., & Heldmaier, G. (2009). Energetics of tropical hibernation. *Journal of Comparative Physiology B*, 179, 345–357.

Dausmann, K. H., & Glos, J. (2015). No energetic benefits from sociality in tropical hibernation. *Functional Ecology*, 29 (4), 498–505.

Kobbe, S., Ganzhorn, J. U., & Dausmann, K. H. (2011). Extreme individual flexibility of heterothermy in free-ranging Malagasy mouse lemurs *(Microcebus griseorufus)*. *Journal of Comparative Physiology B*, 181 (1), 165–173.

Madagaskar: Tierwelt, Evolution und Artenschutz

Ali, J. R., & Huber, M. (2010). Mammalian biodiversity on Madagascar controlled by ocean currents. *Nature*, 463 (7281), 653–656.

Dausmann, K. H., & Warnecke, L. (2016). Primate torpor expression: ghost of the climatic past. *Physiology*, 31 (6), 398–408.

Ganzhorn, J. U., Lowry, P. P., Schatz, G. E., & Sommer, S. (2001). The biodiversity of Madagascar: one of the world's hottest hotspots on its way out. *Oryx*, 35 (4), 346–348.

Lovegrove, B. G., Lobban, K. D., & Levesque, D. L. (2014). Mammal survival at the Cretaceous–Palaeogene boundary: metabolic homeostasis in prolonged tropical hibernation in tenrecs. *Proceedings of the Royal Society B: Biological Sciences*, 281 (1796), 20141304.

Myers, N., Mittermeier, R. A., Mittermeier, C. G., da Fonseca, G. A. B., & Kent, J. (2000). Biodiversity hotspots for conservation priorities. *Nature*, 403 (6772), 853–858.

Nopper, J., Lauströer, B., Rödel, M. O., & Ganzhorn, J. U. (2017). A structurally enriched agricultural landscape maintains high reptile diversity in sub-arid south-western Madagascar. *Journal of Applied Ecology*, 54 (2), 480–488.

Nowack, J., & Dausmann, K. H. (2015). Can heterothermy facilitate the colonization of new habitats? *Mammal Review*, 45 (2), 117–127.

Rasolooarison, R. M., Goodman, S. M., & Ganzhorn, J. U. (2000). Taxonomic revision of mouse lemurs *(Microcebus)* in the western portions of Madagascar. *International Journal of Primatology*, 21 (6), 963–1019.

Wilmé, L., Goodman, S. M., & Ganzhorn, J. U. (2006). Biogeographic evolution of Madagascar's microendemic biota. *Science*, 312 (5776), 1063–1065.

Tiere in Trockenheit

Cooper, C. E., McAllan, B. M., & Geiser, F. (2005). Effect of torpor on the water economy of an arid-zone marsupial, the stripe-faced dunnart *(Sminthopsis macroura)*. *Journal of Comparative Physiology B*, 175 (5), 323–328.

Degen, A. A. (1997). Ecophysiology of small desert mammals. Springer Verlag, Heidelberg.

Kronfeld-Schor, N., Shargal, E., Haim, A., Dayan, T., Zisapel, N., & Heldmaier, G. (2001). Temporal partitioning among diurnally and nocturnally active desert spiny mice: energy and water turnover costs. *Journal of Thermal Biology*, 26, 139–142.

Schmidt-Nielsen, K., & Schmidt-Nielsen, B. (1952). Water metabolism of desert mammals. *Physiological Reviews*, 32 (2), 135–166.

Withers, P. (1993). Cutaneous water acquisition by the thorny devil (*Moloch horridus*: Agamidae). *Journal of Herpetology*, 27 (3), 265–270.

Torpor bei hohen Temperaturen

Bondarenco, A., Körtner, G., & Geiser, F. (2013). Some like it cold: summer torpor by freetail bats in the Australian arid zone. *Journal of Comparative Physiology B*, 183 (8), 1113–1122.

Grimpo, K., Legler, K., Heldmaier, G., & Exner, C. (2013). That's hot: golden spiny mice display torpor even at high ambient temperatures. *Journal of Comparative Physiology B*, 183 (4), 567–581.

Weitere torpide Primaten

Nowack, J., Mzilikazi, N., & Dausmann, K. H. (2010). Torpor on demand: heterothermy in the non-lemur primate *Galago moholi*. *PLoS ONE*, 5 (5), e10797.

Ruf, T., Streicher, U., Stalder, G. L., Nadler, T., & Walzer, C. (2015). Hibernation in the pygmy slow loris *(Nycticebus pygmaeus)*: multiday torpor in primates is not restricted to Madagascar. *Scientific Reports*, 5, 17392.

Medizinische Anwendung, Hypothermie

Bernard, S. A., Gray, T. W., Buist, M. D., Jones, B. M., Silvester, W., Gutteridge, G., & Smith, K. (2002). Treatment of comatose survivors of out-of-hospital cardiac arrest with induced hypothermia. *New England Journal of Medicine*, 346 (8), 557–563.

Carey, H. V., Walters, W. A., & Knight, R. (2013). Seasonal restructuring of the ground squirrel gut microbiota over the annual hibernation cycle. *American Journal of Physiology – Regulatory, Integrative and Comparative Physiology*, 304 (1), R33–R42.

Drew, K. L., Buck, C. L., Barnes, B. M., Christian, S. L., Rasley, B. T., & Harris, M. B. (2007). Central nervous system regulation of mammalian hibernation: implications for metabolic suppression and ischemia tolerance. *Journal of Neurochemistry*, 102 (6), 1713–1726.

Geiser, F., Currie, S. E., O'Shea, K. A., & Hiebert, S. M. (2014). Torpor and hypothermia: reversed hysteresis of metabolic rate and body temperature. *American Journal of Physiology – Regulatory, Integrative and Comparative Physiology*, 307 (11), R1324–R1329.

Torpide Astronauten

Cerri, M., Tinganelli, W., Negrini, M., Helm, A., Scifoni, E., Tommasino, F., Siolo, M., Zoccoli, A. & Durante, M. (2016). Hibernation for space travel: Impact on radioprotection. *Life Sciences in Space Research*, 11, 1–9.

Cockett, T., & Beehler, C. C. (1962). Protective effects of hypothermia in exploration of space. *The Journal of the American Medical Association*, 182 (10), 977–979.

Griko, Y. V., Rask, J. C., & Raychev, R. (2017). Advantage of animal models with metabolic flexibility for space research beyond low earth orbit. NASA Technical Report Server. https://ntrs.nasa.gov/search.jsp?R=20170001400

Todesursachen Bevölkerung Deutschlands

Statistisches Bundesamt: https://www.destatis.de/DE/ZahlenFakten/GesellschaftStaat/Gesundheit/Todesursachen/Todesursachen.html

Sonnenbad

Donati, G., Ricci, E., Baldi, N., Morelli, V., & Borgognini-Tarli, S. M. (2011). Behavioral thermoregulation in a gregarious lemur, *Eulemur collaris:* Effects of climatic and dietary-related factors. *American Journal of Physical Anthropology*, 144 (3), 355–364.

Kelley, E. A., Jablonski, N. G., Chaplin, G., Sussman, R. W., & Kamilar, J. M. (2016). Behavioral thermoregulation in *Lemur catta:* The significance of sunning and huddling behaviors. *American Journal of Primatology*, 78 (7), 745–754.

Schlaf

Blanco, M. B., Dausmann, K. H., Faherty, S. L., Klopfer, P., Krystal, A. D., Schopler, R., & Yoder, A. D. (2016). Hibernation in a primate: does sleep occur? *Royal Society Open Science*, 3 (8), 160282.

Cizza, G., Romagni, P., Lotsikas, A., Lam, G., Rosenthal, N. E., & Chrousos, G. P. (2005). Plasma leptin in men and women with seasonal affective disorder and in healthy matched controls. *Hormone and Metabolic Research*, 37 (01), 45–48.

Daan, S., Barnes, B. M., & Strijkstra, A. M. (1991). Warming up for sleep? — Ground squirrels sleep during arousals from hibernation. *Neuroscience letters*, 128 (2), 265–268.

Krystal, A. D., Schopler, B., Kobbe, S., Williams, C., Rakatondrainibe, H., Yoder, A. D., & Klopfer, P. (2013). The relationship of sleep with temperature and metabolic rate in a hibernating primate. *PloS One*, 8 (9), e69914.

Lesku, J. A., Rattenborg, N. C., Valcu, M., Vyssotski, A. L., Kuhn, S., Kuemmeth, F., Heidrich, W. & Kempenaers, B. (2012). Adaptive sleep loss in polygynous pectoral sandpipers. *Science*, 337 (6102), 1654–1658.

Palchykova, S., Deboer, T., & Tobler, I. (2002). Selective sleep deprivation after daily torpor in the Djungarian hamster. *Journal of Sleep Research*, 11 (4), 313–319.

Rattenborg, N. C., Mandt, B. H., Obermeyer, W. H., Winsauer, P. J., Huber, R., Wikelski, M., & Benca, R. M. (2004). Migratory sleeplessness in the white-crowned sparrow *(Zonotrichia leucophrys gambelii)*. *PLoS Biol*, 2 (7), e212.

Schmidt, M. H. (2014). The energy allocation function of sleep: a unifying theory of sleep, torpor, and continuous wakefulness. *Neuroscience & Biobehavioral Reviews*, 47, 122–153.

Siegel, J. M. (2008). Do all animals sleep? *Trends in Neurosciences*, 31 (4), 208–213.

Torpor, Altern und Aussterben

Geiser, F., & Turbill, C. (2009). Hibernation and daily torpor minimize mammalian extinctions. *Naturwissenschaften*, 96 (10), 1235–1240.

Günes, C., & Rudolph, K. L. (2013). The role of telomeres in stem cells and cancer. *Cell*, 152 (3), 390–393.

Hanna, E., & Cardillo, M. (2014). Clarifying the relationship between torpor and anthropogenic extinction risk in mammals. *Journal of Zoology*, 293 (3), 211–217.

Heidinger, B. J., Blount, J. D., Boner, W., Griffiths, K., Metcalfe, N. B., & Monaghan, P. (2012). Telomere length in early life predicts lifespan. *Proceedings of the National Academy of Sciences*, 109 (5), 1743–1748.

Monaghan, P. (2010). Telomeres and life histories: the long and the short of it. *Annals of the New York Academy of Sciences*, 1206 (1), 130–142.

Stawski, C., Körtner, G., Nowack, J., & Geiser, F. (2015). The importance of mammalian torpor for survival in a post-fire landscape. *Biology Letters*, 11 (6), 20150134.

Turbill, C., Ruf, T., Smith, S., & Bieber, C. (2013). Seasonal variation in telomere length of a hibernating rodent. *Biology Letters*, 9 (2), 20121095.

Zellen unseres Körpers

Bianconi, E., Piovesan, A., Facchin, F., Beraudi, A., Casadei, R., Frabetti, F., Vitale, L., Pelleri, M.C., Tassani, S., Piva, F., & Canaider, S. (2013). An estimation of the number of cells in the human body. *Annals of Human Biology*, 40 (6), 463–471.

Klimawandel

Inouye, D. W., Barr, B., Armitage, K. B., & Inouye, B. D. (2000). Climate change is affecting altitudinal migrants and hibernating species. *Proceedings of the National Academy of Sciences*, 97 (4), 1630–1633.

Tebaldi, C., Hayhoe, K., Arblaster, J. M., & Meehl, G. A. (2006). Going to the extremes. *Climatic Change*, 79 (3), 185–211.

Bildnachweis

Seite 13, 43 48, 59, 73, 105, 116, 125, 137, 153: © James Turner
Seite 25, 49, 145, 148: © Lisa Warnecke
Seite 69: © Gerhard Körtner
Seite 80, 165, 172: © Kathrin Dausmann

Register der genannten Tierarten

Im Register werden nur diejenigen Stellen aufgeführt, an denen der lateinische Name der jeweiligen Tierart genannt wird.

Säugetiere

Monontremata

Beuteltiere

Placentalia

Vögel

Reptilien, Amphibien und Fische

Aus dem Verlagsprogramm

Helen Macdonald
Falke
Biographie eines Räubers
Aus dem Englischen von Frank Sievers
2. Auflage. 2017. 240 Seiten mit 71 Abbildungen
Gebunden

Josef H. Reichholf
Ornis
Das Leben der Vögel
3. Auflage. 2015. 272 Seiten mit 80 Farbabbildungen
Gebunden

Carl Safina
Die Intelligenz der Tiere
Wie Tiere fühlen und denken
Aus dem Englischen von Sigrid Schmid und Gabriele Würdinger
2017. 526 Seiten mit 23 Abbildungen und 4 Karten
Gebunden

Volker Sommer
Schimpansenland
Wildes Leben in Afrika
2008. 251 Seiten mit 14 Farbabbildungen und 1 Karte
Gebunden

Ewald Weber
Der Fisch, der lieber eine Alge wäre
Das erstaunliche Zusammenleben von Tieren und Pflanzen
2015. 245 Seiten mit 50 Farbabbildungen
Gebunden